2018年畜牧业发展形势及2019年展望报告

农业农村部畜牧兽医局
全国畜牧总站　编

中国农业科学技术出版社

图书在版编目（ＣＩＰ）数据

2018年畜牧业发展形势及2019年展望报告/农业农村部畜牧兽医局,全国畜牧总站编. — 北京：中国农业科学技术出版社,2019.6

ISBN 978-7-5116-4164-9

Ⅰ.①2… Ⅱ.①农…②全… Ⅲ.①畜牧业经济—经济分析—研究报告—中国—2018②畜牧业经济—经济预测—研究报告—中国—2019 Ⅳ.①F326.3

中国版本图书馆CIP数据核字(2019)第079951号

责任编辑　闫庆健　马维玲　王思文
责任校对　李向荣

出 版 者　中国农业科学技术出版社
　　　　　北京市中关村南大街12号　邮编：100081
电　　话　（010）82106632（编辑室）　　（010）82109702（发行部）
　　　　　（010）82109703（读者服务部）
传　　真　（010）82106625
网　　址　http://www.castp.cn
经 销 者　各地新华书店
印 刷 者　北京科信印刷有限公司
开　　本　880mm×1230mm　　　1/16
印　　张　3.75
字　　数　71千字
版　　次　2019年6月第1版　　2019年6月第1次印刷
定　　价　50.00元

2018 年畜牧业发展形势及 2019 年展望报告

编委会

前　言

　　我国是畜牧业大国。畜牧业是农业农村支柱产业，其产值占农林牧渔业总产值约1/3。畜牧业发展关乎国计民生，肉蛋奶等畜产品生产供应，一边连着养殖场（户）的"钱袋子"，一边连着城乡居民的"菜篮子"。近年来，国内畜牧业生产结构加快调整，国外畜产品进口冲击明显加大，畜产品消费结构也不断调整和升级，我国畜产品供需矛盾由总量不足已经转向供需总体平衡下的结构性、阶段性、季节性供需矛盾，结构性供需矛盾逐步突出，主要表现为周期性市场波动和季节性市场波动相互交织。因此，养殖场（户）如何合理安排生产经营，政府如何引导和调控生产、保障畜产品供应，面临着很大的挑战。

　　2008年以来，农业农村部以构建权威、全面、动态畜牧业数据体系为目标，探索建立了涵盖生猪、蛋鸡、肉鸡、奶牛、肉牛、肉羊等主要畜种，养殖生产、屠宰加工、市场价格、消费交易量、成本效益、国际贸易等全产业链环节的监测体系，形成了定期部门会商、月度专家会商和适时企业会商制度，以及定期数据发布制度，为行业管理和引导生产提供了有力支撑。

　　为更好地服务和引导生产，农业农村部畜牧兽医局、全国畜牧总站组织畜牧业监测预警专家团队，以监测数据为基础，对畜牧业生产特点和趋势进行了解读，形成了《2018年畜牧业发展形势及2019年展望报告》。本报告凝聚了各级畜牧兽医系统的信息员、统计员的辛勤劳动，以及畜牧业监测预警专家团队的集体智慧，在此一并感谢。

　　由于水平所限，加之时间仓促，书中难免有疏漏和不足之处，敬请各位读者批评指正。

编　者

2019 年 2 月

目　录

2018 年生猪产业发展形势及
2019 年展望

摘 要

2018 年，对于中国养猪业而言，可谓是"屋漏偏逢连夜雨，船迟又遇打头风"。上半年猪价持续低迷，下半年非洲猪瘟疫情来袭。受此影响，2018 年生猪存栏同比下降 4.8%，能繁母猪存栏同比下降 8.3%，全年出栏量同比下降 1.9%，因生猪出栏活重明显增加，综合测算全年猪肉产量同比略降。非洲猪瘟疫情使得消费量降幅明显大于猪肉产量降幅，生猪市场供需总体宽松。疫情发生后猪价分化明显，产区跌销区涨，全年生猪养殖头均盈利约 30 元。

2018 年下半年能繁母猪存栏量同比降幅不断扩大，预计 2019 年下半年猪肉市场供应将出现明显偏紧。非洲猪瘟疫情短期内根除可能性较低，2019 年影响仍然较大；随着消费者认识的加深，猪肉消费有望缓慢恢复。综合判断，2019 年上半年生猪市场供需平衡偏紧，养殖总体有小额盈利，下半年价格可能会明显上涨，全年实现较好盈利[1]。

一、2018 年生猪生产形势回顾

（一）中小规模养殖户持续退出趋势未改

2018 年年末，4 000 个定点监测村养猪户比重为 11.2%，同比下降 1.1 个百分点，近两年降幅较往年有所减小，表明中小规模养猪户退出趋势没有改变，但出现放缓迹象。按农业普查 2.3 亿农户测算，2018 年末全国养猪场户约 2 576 万户，同比减少 250 万户左右。回顾 2010 年以来变化趋势，全国养猪场（户）比重连续 9 年下降，累计下降 14.3 个百分点，年均下降 1.6 个百分点（图 1）。

（二）受行情低迷及非洲猪瘟疫情影响，生猪存栏及能繁母猪存栏降幅较大

2018 年生猪产能整体处于周期波动变化阶段。受上半年行情持续低迷及下

---

1 本报告分析判断主要基于 400 个生猪养殖县中 4 000 个定点监测行政村、1.3 万家年出栏 1 000 头以上规模养殖场、8 000 家定点监测养猪场户成本收益等数据。

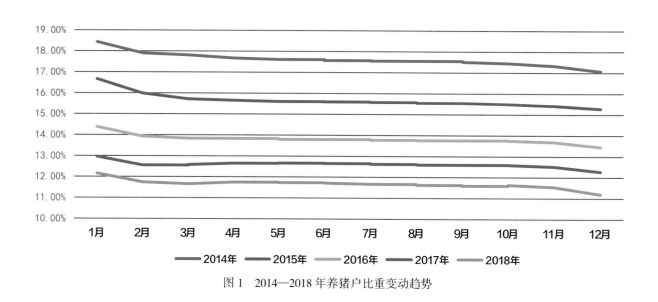

图 1 2014—2018 年养猪户比重变动趋势

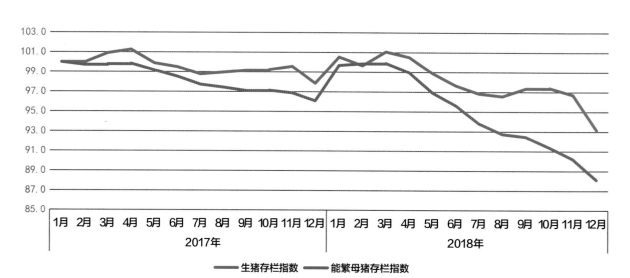

图 2 2017 年以来生猪存栏及能繁母猪存栏变动趋势

半年非洲猪瘟疫情影响，2018 年生猪存栏及能繁母猪存栏降幅较大。400 个县定点监测数据显示，2018 年 12 月生猪存栏同比下降 4.8%，能繁母猪存栏同比下降 8.3%。从不同月份来看，受行情相对低迷影响，上半年生猪存栏及能繁母猪存栏总体下降；下半年受活猪禁运政策影响，出栏受阻，生猪存栏 9 — 10 月曾出现短暂回升，11 — 12 月再次大幅减少；能繁母猪存栏除 9 月出现降幅趋缓外，其他月份环比降幅都较大（图 2）。

（三）猪肉产量略有下降，消费不振，生猪市场供需总体宽松

400 个县定点监测数据显示，2018 年全年生猪出栏总量同比减少 1.9%；生猪平均出栏活重 124.1 千克，较去年同期的 121.8 千克增长 1.8%（图 3）。根据出栏

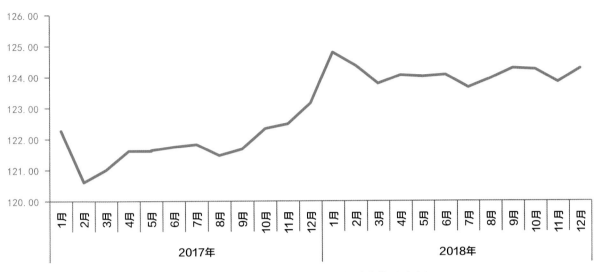

图 3　2017 年以来育肥猪出栏活重变动趋势（千克）

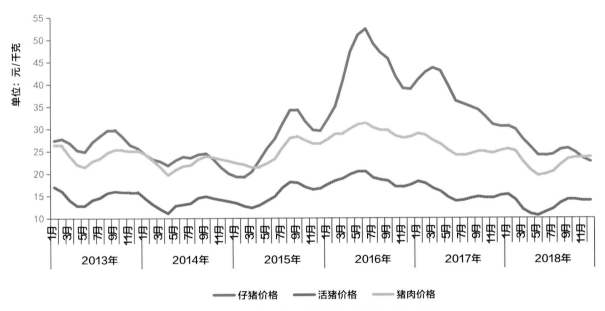

图 4　2013—2018 年生猪产品价格变动趋势（元 / 千克）

总量和出栏活重综合测算，全年猪肉产量同比略降 0.1%。据对 240 个县集贸市场猪肉交易量监测数据显示，非洲猪瘟疫情短期内对消费者心理影响较大，9—12 月猪肉交易量同比降幅较大。综合估算，全年猪肉交易量同比下降 2.0%。消费量降幅明显大于猪肉产量降幅，生猪市场供需呈宽松态势。

（四）疫情发生后猪价分化明显，全年生猪养殖头均盈利约 30 元

由于非洲猪瘟疫情防控需要，国家采取禁止活猪及其产品从高风险区向低风险区调运的措施，对生猪产销产生了一定的影响，生猪产区与销区价格可谓"冰火两重天"。监测数据显示，2018 年 12 月底，四川省成都市活猪价格为每千克 20.6 元，

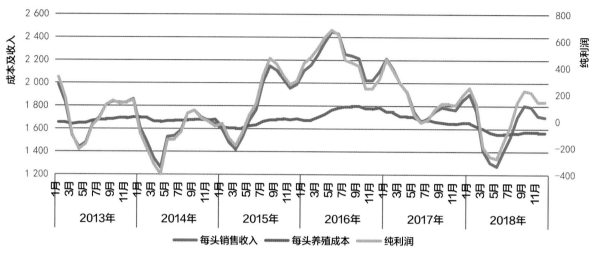

图 5 2013—2018 年生猪养殖头均纯利润变动趋势（元/头）

而同期黑龙江省活猪价格只有每千克 8.8 元（图 4），成都市养猪户出栏一头活猪盈利近千元，黑龙江省养猪户出栏一头活猪却亏损近 400 元。据对 8 000 个养猪场户定点监测，2018 年生猪平均出栏成本约每千克 12.6 元，平均出栏价格约每千克 12.9 元，全年出栏一头活猪平均盈利 30 元（图 5）。

（五）猪肉进口及出口量同比下降

据海关数据，2018 年我国冷鲜冻猪肉进口总量为 119.3 万吨，猪杂碎进口总量约为 96.1 万吨，总计 215.3 万吨。其中，冷鲜冻猪肉进口总量同比下降 2.0%，猪杂碎进口总量同比下降 25.4%，二者累计进口量同比下降 13.8%（图 6）。近几年，我国生猪产品出口主要面向港澳地区市场，数量稳定在 5 万~10 万吨。受非洲猪瘟疫情影响，2018 年鲜冷冻猪肉出口总量 4.18 万吨，同比减少 18.5%（图 7）。

（六）大型养殖企业继续扩张

在全国生猪存栏及能繁母猪存栏降幅较大的情况下，大型养殖企业总体仍在扩张。据中国畜牧业协会对 17 家大型生猪养殖企业监测，2018 年年底，17 家企业生猪存栏总量 2 076.8 万头，同比增长 6.2%。其中父母代能繁母猪存栏 204.7 万头，同比增长 3.2%；育肥猪存栏 1 468.9 万头，同比增长 7.2%。

二、2019 年生猪生产形势展望

（一）非洲猪瘟疫情影响仍将持续

据农业农村部数据，截至 2019 年 2 月 20 日，全国共有 27 个省（区、市）发生 107 起疫情（其中 2 起野猪疫情），累计扑杀生猪约 100 万头。为防止疫情扩散，疫情发生后，农业农村部先后出台了一系列政策措施，有效控制了疫情大面积扩散蔓延。从监测数据和各地反映情况看，非洲猪瘟疫情对我国生猪养

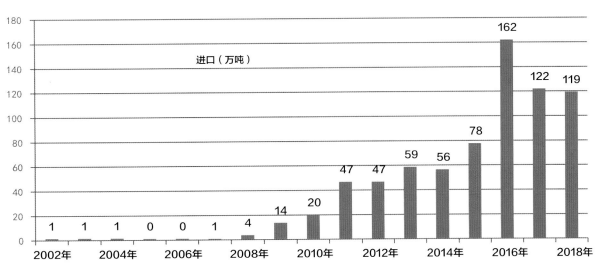

图 6　2002 年以来我国冷鲜冻猪肉进口量变动趋势（万吨）

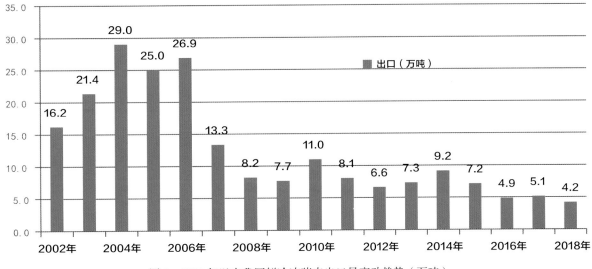

图 7　2002 年以来我国鲜冷冻猪肉出口量变动趋势（万吨）

殖业影响巨大且深远，主产区长期深度亏损，养殖场（户）补栏消极，生猪产能持续下降。根据疫情形势判断，非洲猪瘟疫情很难在短期内根除，需要一个长期的过程。

（二）生猪产业布局将发生明显变化

2019 年开始，非洲猪瘟疫情将实行五大区分区防控策略，各区内部供需要做到大致平衡，养殖和屠宰产能布局也需要作出相应调整，这将对目前产区养殖、销区屠宰、全国大流通的产业布局带来较大影响。分区防控政策实施后，原则上会减少活猪跨区域流通，大力推动"调猪"向"调肉"转变，产区必须要新建与养殖产能配套的屠宰产能，而销区屠宰产能将因猪源不足而快速缩减，过去

"全国大流通"的流通格局将要终结。对于大型规模养殖企业而言，可能要考虑延伸产业链条，布局相应的屠宰加工和冷链物流产业。

（三）规模养殖扩张速度放缓

据中国畜牧业协会监测，2018 年 8 月非洲猪瘟疫情发生以前，600 家大型种猪企业能繁母猪存栏及二元母猪存栏总量同比均为增长且幅度保持在 10.0% 以上；疫情发生之后，600 家企业能繁母猪存栏及二元母猪存栏总量快速减少，2018 年 12 月能繁母猪存栏同比下降为 2.5%，二元母猪存栏同比下降为 6.9%。公开资料显示，温氏股份 2019 年生猪出栏计划由前期的 2 500 万头调减为 2 400 万头，同比增长 7.6%，较上年度 17.1% 的同比增幅下降 9.5 个百分点；天邦科技表示，受非洲猪瘟疫情影响，公司 2019 年生猪出栏计划由前期的 500 万头调减为 400 万头，同比增长 84.3%，较上年度 114.0% 的同比增幅下降 29.7 个百分点；新希望六和 2019 年生猪出栏计划为 350 万头，同比增幅 12.9%，较上年度 29.2% 的同比增幅下降 16.3 个百分点。

（四）散养户继续退出

4 000 个监测村数据显示，近几年散养户退出趋势始终不改。2010 年 1 月到 2019 年 1 月的 9 年多时间内，生猪养殖户比重累计下降 14.24 个百分点。即使在生猪价格不断上涨、养殖盈利保持高位的 2011 和 2016 年，生猪养殖户比重仍在下滑。2019 年 1 月养猪户比重为 10.3%，环比下降 0.7 个百分点，同比下降 1.7 个百分点。非洲猪瘟疫情的发生，使得东北、河南和山西等主产区养殖场户持续深度亏损，猪价最低时出栏一头商品猪亏损额超过 500 元，养殖场（户）养殖信心严重受挫，再加上疫情风险的不确定性，加速了散养户退出步伐。央视记者春节之后在东北地区调查了解到，很多小散养殖户圈舍都空了，且近期仍然不敢补栏。

（五）2019 年下半年生猪市场将出现明显短缺，全年生猪养殖将有较好盈利

从基础产能看，2018 年 9 月到 2019 年 1 月，能繁母猪存栏同比降幅分别为 4.8%、5.9%、6.9%、8.3% 和 14.8%，尤其是 2019 年 1 月，同比降幅接近近 10 年历史最大降幅。按正常猪群周转规律推算，这些月份能繁母猪存栏降幅对应的是 2019 下半年可上市商品猪数量降幅。综合考虑母猪繁殖性能和出栏体重变化、年初低温导致仔猪存活率下降等利好和不利因素，预计 2019 年下半年猪肉市场供应将出现明显短缺。从外部因素看，2019 年猪肉进口可能会有所增加，但受全球贸易量制约，增幅有限。调研了解到，非洲猪瘟疫情对消费的影响是短期的，随着疫情进入常态，消费者心理影响会逐步减弱，猪肉消费量有望缓慢恢复。综合判断，在没有其他突发因素影响的情况下，2019 上半年生猪市场供需平衡偏紧，养殖总体有小额盈利，下半年猪价会明显上涨，全年实现较好盈利。

2018 年蛋鸡产业发展形势及 2019 年展望

摘　要

2018 年在产蛋鸡存栏量从低位稳步回升，雏鸡补栏增加，蛋鸡淘汰日龄延长，年底鸡蛋产量已接近正常水平，鸡蛋供需总体平衡。全年蛋价保持高位运行，养殖收益可观，属于高收益年度。预计 2019 年上半年，在产蛋鸡存栏继续保持在近 4 年平均水平。近几年建设的大规模养殖场陆续投产，预计 2019 年下半年蛋鸡存栏增速较快，2019 年年底在产蛋鸡存栏将达到新的高峰，需要警惕 2020 年 [1]。

一、2018 年蛋鸡产业形势分析

（一）蛋种鸡产能依然过剩

由于我国蛋种鸡自主育种实力较强，保证了种源供应。2018 年年末，在产祖

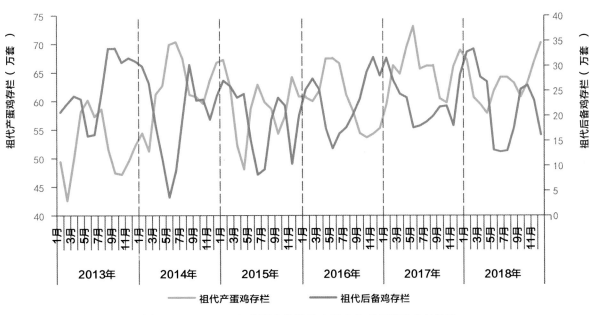

图 1　2013—2018 年监测企业祖代产蛋鸡和后备祖代鸡存栏量

1　本报告分析判断主要基于全国 11 个省 100 个县（市）499 个村 1 477 个蛋鸡养殖场（户）和规模场的监测数据。

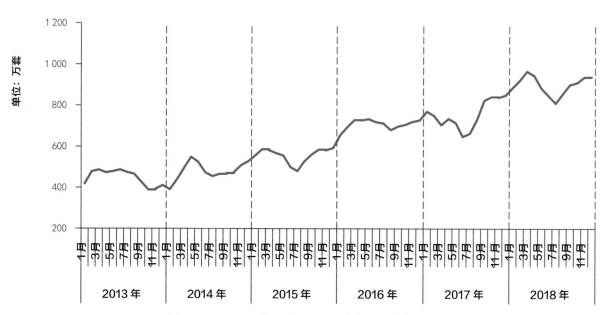

图 2　2013—2018 年监测企业父母代产蛋种鸡存栏量

图 3　2017—2018 年在产蛋鸡存栏指数变动趋势

代鸡存栏同比增长 1.9%，比近 3 年平均水平高 14.2%（图 1）。2018 年在产父母代种鸡存栏处于高位，平均存栏同比增加 19.2%（图 2），由于蛋鸡养殖效益较好，养殖户补栏积极，商品代鸡苗全年累计销售同比增加 22.7%。

（二）商品代在产蛋鸡存栏稳步回升

受 2017 年蛋鸡产业调整影响，2018 年初在产蛋鸡存栏处于历史较低水平，鸡蛋价格全年高位运行，蛋鸡行业持续盈利。养殖户补栏积极性较去年有所提高，上半

图 4　2017—2018 年后备鸡存栏指数变化

年补栏量快速增加，下半年补栏增速放缓。2018 年，产蛋鸡平均存栏同比增长 3.2%（图 3），新增雏鸡同比增长 12.4%，后备鸡平均存栏同比增长 4.7%（图 4）。总的看，2018 年在产蛋鸡存栏量从低位稳步回升，年末存栏略低于近 4 年平均水平，存栏结构合理，养殖场可实现正常养殖利润。2018 年鸡蛋产量同比增长 3.9%，处于近 4 年平均水平。

（三）鸡蛋和淘汰鸡价格维持高位

由于 2017 年下半年和 2018 年上半年在产蛋鸡平均存栏较低，鸡蛋产量处于低位，鸡蛋供需偏紧，鸡蛋价格和淘汰鸡价格较高，全年平均鸡蛋价格、淘汰鸡价格同比分别上涨 22.8%、10.2%。蛋价季节性变化规律明显，传统节日元旦、春节、中秋、国庆对蛋价提振显著。从变化趋势看，2017 年下半年鸡蛋价格开始回升，养殖户持续盈利，蛋鸡淘汰速度放缓，2018 年上半年"超期服役蛋鸡"集中淘汰，

存栏减少，产能不足，导致 2018 年 7 月份鸡蛋价格提前进入上涨周期（图 5）。

（四）饲料成本和鸡蛋成本有所上升

饲料价格处于历年较低水平，蛋鸡养殖成本有所上升，但总体仍低于近 4 年平均水平。据定点监测，2018 年每千克鸡蛋的生产成本为 7.33 元，其中饲料成本为 5.57 元，同比均上升 2.5%（图 6）。同时，单产提高、死淘率降低、养殖效率提高有利于降低养殖成本。

（五）商品代蛋鸡养殖全年盈利

2018 年蛋鸡养殖全年盈利，平均饲养一只蛋鸡可盈利约 27.31 元，同比增加 24.22 元，处于近 4 年较高水平。第四季度受非洲猪瘟疫情影响，猪肉消费下降，鸡蛋消费产生一定替代效应，使得鸡蛋价格维持较高价位，蛋鸡养殖效益较好（图 7）。

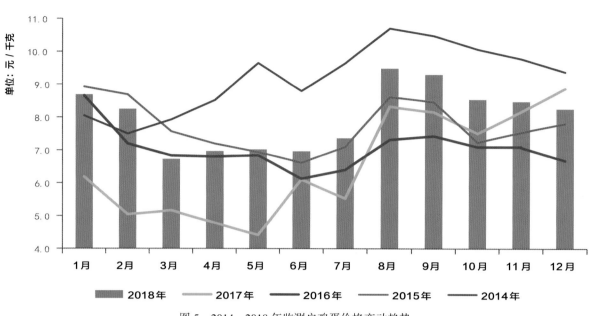

图 5　2014—2018 年监测户鸡蛋价格变动趋势

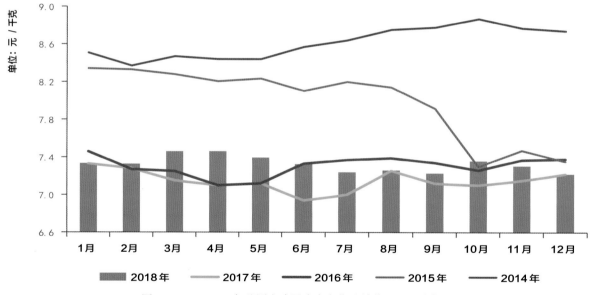

图 6　2014—2018 年监测户鸡蛋成本变化（单位：元／千克）

二、2019 年蛋鸡生产形势展望

（一）种源供应有保障

2018 年年末在产祖代种鸡存栏 70.23 万套，比近 3 年平均水平高 14.2%，产能充足；父母代种鸡存栏 938.89 万套，同比增长 10.6%，比近 3 年平均水平高 39.6%。2019 年商品代蛋鸡种源充足有保障。

（二）蛋鸡存栏稳中趋升，蛋价维持合理水平

2018 年鸡蛋行情带动产蛋鸡存栏量稳步回升，产能过剩风险开始积聚，养殖

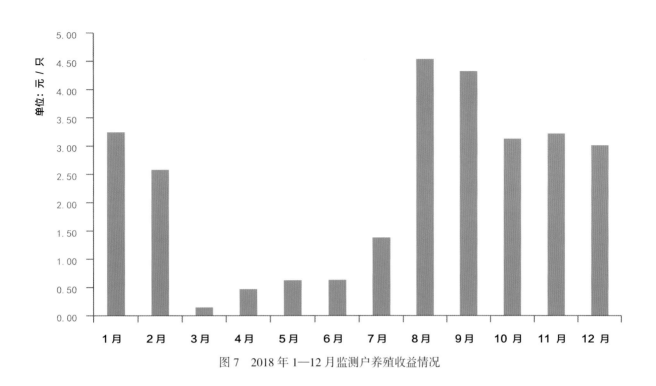

图7　2018年1—12月监测户养殖收益情况

场户看空未来市场的情绪增加，下半年开始减少补栏，至2018年底，在产蛋鸡存栏保持在近4年平均水平，新增雏鸡同比下降3.1%，后备鸡数同比下降11.7%，预示着2019年一季度产蛋鸡增速放缓。预计2019年上半年在产蛋鸡存栏总体平稳。近几年建设的大规模场陆续投产，预计2019年下半年蛋鸡存栏增速较快，年底在产蛋鸡存栏将达到新的高峰，需要警惕2020年产能过剩风险。

2019年总存栏将持续走高，鸡蛋价格有所降低，收益逐步回落，预计2019年只鸡盈利在15~20元。

（三）鸡蛋安全驱动品牌鸡蛋市场

近年来随着消费者食品安全意识增强，蛋品安全问题受到消费者广泛关注。

蛋鸡产业规模化发展的趋势，将促使企业更加注重养殖技术环节和企业规范管理，进行品牌营销。鸡蛋安全影响产业发展，建立鸡蛋品牌，培养品牌消费群体，在消费者和生产者之间搭建信任桥梁势在必行。

（四）建议养殖场（户）有效防范风险

2019年蛋鸡市场变化的不确定性增加，建议广大养殖场（户）把握市场行情规律，避免盲目跟风补栏；积极防范疫病风险，做好日常消毒工作，避免疫情传染，防患于未然。同时，转变思想观念，提高环保意识，积极适应环保政策要求，创新粪污处理方式，因地制宜、以地定量、适度规模，实现蛋鸡养殖循环生态发展。

2018 年肉鸡产业发展形势及 2019 年展望

摘　要

2018 年中国肉鸡产业基本摆脱 H7N9 流感疫情的影响，消费企稳回升，产量及价格实现双增长，全产业链实现较好盈利。受非洲猪瘟对国内猪肉市场供需拉低效应的影响，2019 年我国肉鸡供需仍将保持增长态势，产业实现恢复性增长，逐步回归发展正轨。白羽肉鸡出栏量受种源产能限制，增幅有限；鸡肉消费将保持增长，市场供需仍将处于紧平衡，价格维持高位，可通过商品肉鸡出栏体重增加推动鸡肉产量增长。黄羽肉鸡种源产能充足，出栏和鸡肉产量还将持续增长，市场供需较为宽松，仍能获得较好收益[1]。

一、2018 年肉鸡生产形势

（一）肉鸡生产小幅回升

根据监测数据推算，2018 年全国出栏肉鸡 79.1 亿只[2]（上年同期 77.8 亿只），同比增长 1.5%。其中：白羽肉鸡 39.4 亿只（上年同期 41.0 亿只），同比下降 3.8%；黄羽肉鸡 39.6 亿只（上年同期 36.9 亿只），同比增长 7.5%（表 1）。

2018 年全年鸡肉产量 1 264 万吨（上年同期 1 221 万吨），同比增长 3.5%。其中：白羽鸡肉产量 759.8 万吨（上年同期 761.0 万吨），同比下降 0.2%；黄羽鸡肉产量 503.8 万吨（上年同期 460.1 万吨），同比增长 9.5%（表 2）。

（二）白羽肉鸡产能下降，黄羽肉鸡产能增加

1. 白羽肉鸡产能触底回升中，全年下降 5.6%

2018 年白羽肉鸡祖代种鸡平均存栏量 115.5 万套，同比下降 3.6%；更新周期延长到 83 周[3]，平均在产存栏 79.0 万套，父母代种雏供应量下降。祖代种鸡全年累

1　本报告分析判断主要基于 85 家种鸡企业，705 家父母代定点监测养殖场（户），1 099 家定点监测肉鸡养殖场（户）成本收益等数据。
2　仅包括专业型肉鸡生产量，未包括农户自繁自育和 817 杂鸡的产量。
3　更新周期：存栏种鸡完成全部更新需要的时间。2018 年 12 月为 94 周，全年均值 83 周；2017 年均值 91 周。

表 1　2018 年肉鸡出栏量估计　　　　　　　　（单位：亿只）

	白　鸡			黄　鸡			合　计		
	2017 年	2018 年	同比	2017 年	2018 年	同比	2017 年	2018 年	同比
一季度	10.49	7.82	−25.48%	9.72	8.64	−11.10%	20.21	16.46	−18.56%
二季度	10.87	10.60	−2.43%	9.00	9.07	0.78%	19.87	19.67	−0.97%
三季度	10.16	11.13	9.53%	9.12	10.85	18.98%	19.28	21.98	14.01%
四季度	9.45	9.87	4.40%	9.04	11.07	22.45%	18.49	20.94	13.22%
上半年	21.36	18.42	−13.75%	18.72	17.71	−5.39%	40.08	36.13	−9.84%
下半年	19.61	20.99	7.06%	18.16	21.92	20.71%	37.77	42.91	13.62%
全年	40.97	39.41	−3.79%	36.88	39.63	7.46%	77.85	79.05	1.54%

表 2　2018 年鸡肉产量估计　　　　　　　　（单位：万吨）

	白　鸡			黄　鸡			合　计		
	2017 年	2018 年	同比	2017 年	2018 年	同比	2017 年	2018 年	同比
一季度	190.0	150.3	−20.87%	120.3	109.2	−9.24%	310.3	259.5	−16.36%
二季度	193.7	204.3	5.45%	111.9	118.8	6.22%	305.6	323.1	5.74%
三季度	193.3	213.8	10.59%	111.8	135.6	21.29%	305.1	349.3	14.51%
四季度	184.0	191.4	4.03%	116.1	140.2	20.73%	300.1	331.6	10.49%
上半年	383.7	354.6	−7.58%	232.2	228.0	−1.79%	615.9	582.6	−5.40%
下半年	377.3	405.2	7.39%	227.9	275.7	21.00%	605.2	680.9	12.52%
全年	761.0	759.8	−0.15%	460.1	503.8	9.50%	1 221.0	1 263.6	3.48%

计更新 74.5 万套，同比增长 8.5%；年末存栏 124.7 万套，其中在产存栏 72.9 万套，后备存栏 51.8 万套。

2018 年白羽肉鸡父母代种鸡平均存栏量为 4 600 万套，同比增长 8.8%；更新周期约为 60 周，平均在产存栏 2 793 万套，商品代雏鸡供应量减少 4.3%。全年父母代种鸡累计更新 4 099 万套，同比下降 6.9%；年末存栏 4 799.6 万套，其中在产存栏 2 735.9 万套，后备存栏 2 063.7 万套。

全年商品雏鸡累计销售量 41.0 亿只，同比下降 4.3%。

2. 黄羽肉鸡产能持续增加，全年增加 12.5%

2018 年黄羽肉鸡祖代种鸡平均存栏量为 177.6 万套，同比增长 2.7%，其中平均在产存栏 124.2 万套，父母代种雏供应量增加。年末祖代种鸡存栏 181.3 万套，其中在产存栏 126.8 万套，后备存栏 54.5 万套。

2018 年黄羽肉鸡父母代种鸡平均存栏量为 6 187 万套，同比增长 9.2%，其中在产存栏 3 751 万套，商品代雏鸡供应能

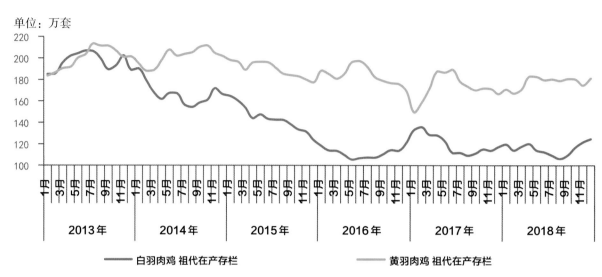

单位：万套

图 1　2013—2018 年肉鸡祖代在产存栏数变化

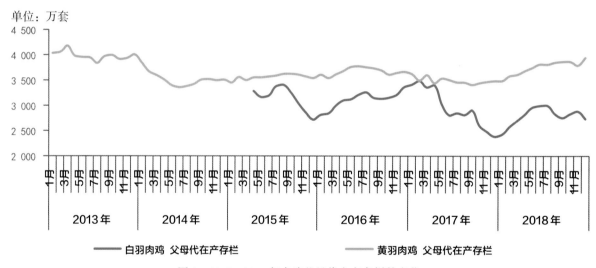

单位：万套

图 2　2013—2018 年肉鸡父母代在产存栏数变化

力增加 21.8%。全年父母代种鸡累计更新 5 805 万套，同比增长 12.5%；年末存栏 6 482 万套，其中在产存栏 3 940.4 万套，后备存栏 2 541.9 万套。

全年商品代雏鸡销售量 43.7 亿只，同比增长 17.7%（图 1、图 2）。

（三）肉鸡价格高位运行，全产业链盈利

2018 年，肉鸡价格处于近 4 年高位，产业链各环节均盈利，其中商品肉鸡养殖环节盈利较好。

白羽肉鸡全产业链综合收益[4]为 3.48

4　全产业链综合收益：综合计算每出栏一只商品肉鸡，整个产业链中祖代、父母代、商品代养殖，以及屠宰加工等各环节的收益总和；单位为元／只出栏商品肉鸡。

表 3　各环节平均生产单位收益情况

年份	祖代 月均利润	父母代 月均利润	商品代 只均利润	鸡肉 单位利润	综合 只鸡收益
单位	（元 / 套·月）	（元 / 套·月）	（元 / 只）	（元 /kg）	（元 / 只）
2015	−26.77	−12.51	−1.34	0.85	−1.04
2016	138.82	13.56	−0.66	0.55	1.77
2017	44.32	−6.99	0.09	0.98	1.40
2018	98.41	15.33	1.79	0.08	3.48

表 4　平均每出栏一只商品肉鸡，各环节获利情况

年份	祖代	父母代	商品代养殖	屠宰加工	全产业链
单位	平均每出栏一只商品肉鸡，各环节获利情况（元 / 只出栏商品鸡）				
2015	−0.07	−1.10	−1.34	1.47	−1.04
2016	0.31	1.13	−0.66	0.99	1.77
2017	0.10	−0.61	0.09	1.81	1.40
2018	0.24	1.30	1.79	0.15	3.48

元 / 只鸡，同比增加 2.08 元 / 只。其中：商品肉鸡和父母代种鸡养殖收益提升较多，分别增加 1.70 元 / 只和 1.91 元 / 只，占整体利润的 51.3% 和 37.5%。由于商品肉鸡价格快速上涨，而消费量增长较缓，鸡肉产品价格上升乏力，屠宰加工环节利润分配比大幅缩减，仅占 4.4%；第四季度屠宰场出现亏损。

黄羽肉鸡全产业链综合收益为 6.79 元 / 只鸡，同比增加 3.74 元 / 只。其中商品代肉鸡和父母代种鸡养殖收益提升较多，分别增加 2.97 元 / 只和 0.70 元 / 只，占整体利润的 42.5% 和 10.4%。目前黄羽肉鸡以活鸡销售为主，其产业链终端为商品代肉鸡养殖，而商品肉鸡养殖利润中不仅有养殖户利润，还包含了多级分销的经销商利润。因此，在黄羽肉鸡产业链中商品代肉鸡养殖收益较为稳定，在整体利润占比较高；而父母代种鸡养殖为整体产业链中变动最剧烈的环节（表 3 ~ 表 8）。

（四）肉鸡生产效率提升，产能浪费减少

2016—2017 年肉鸡产业供给端结构调整，种鸡产能剧烈震荡，落后产能大量出清；至 2018 年底，种鸡存栏量基本企稳，单位生产效率提升。

1. 白羽肉鸡

祖代种鸡理论单位产能[5]为每套种鸡可生产约 50 套父母代雏鸡。2015 年以前

5　单位产能：指每个生产单位的生产能力。

2018 年畜牧业发展形势及 2019 年展望报告

表 5　产业链各环节利润分配情况　　　　　　　　　（单位：%）

年份	祖代占比	父母代占比	商品代占比	屠宰占比	合计
2015	−6.85	−105.62	−128.33	140.80	−100.00
2016	17.66	63.83	−37.27	55.78	100.00
2017	7.37	−43.32	6.38	129.57	100.00
2018	6.80	37.48	51.33	4.38	100.00

表 6　各环节平均生产单位盈利情况

年份	祖代月均利润（元/套·月）	父母代月均利润（元/套·月）	商品代只均利润（元/只）	市场销售单位利润（元/kg）	综合只鸡收益（元/只）
2015	3.87	1.78	2.92	2.50	6.12
2016	3.85	3.08	2.21	2.50	5.64
2017	2.30	0.06	−0.08	2.50	3.05
2018	4.73	6.23	2.89	2.50	6.79

表 7　平均每出栏一只商品肉鸡，各环节获利情况

年份	祖代	父母代	商品代养殖[6]	市场销售[7]	全产业链
	平均每出栏一只商品肉鸡，各环节获利情况（元/只出栏商品鸡）				
2015	0.02	0.20	2.92	2.50	6.12
2016	0.02	0.34	2.21	2.50	5.64
2017	0.01	0.01	−0.08	2.50	3.05
2018	0.02	0.71	2.89	2.50	6.79

表 8　全产业链各环节利润分配情况　　　　　　　　（单位：%）

年份	祖代占比	父母代占比	商品代占比	销售占比	合计
2015	0.27	3.33	47.66	48.74	100.00
2016	0.27	6.08	39.22	54.43	100.00
2017	0.30	0.23	−2.73	102.21	100.00
2018	0.26	10.42	42.53	46.79	100.00

6　从单位产品收益看，今年黄羽肉鸡比白羽肉鸡的单位收益高约80%。而从资金周转使用看，二者实际相差不大。白羽肉鸡周转周期约为49天，黄羽肉鸡周转周期约为90天，日均收益均约为0.07元，全年收益分别为24.36元和24.13元，差别并不大。但黄羽肉鸡近几年来多数时间能维持较为稳定的正收益。

7　黄羽肉鸡商品鸡养殖收益是根据批发市场价格计算所得，而非依据棚前价格。而黄羽肉鸡商品鸡销售中有分销的环节，商品鸡养殖收益被分销商分切部分。依据调研了解，分销商获取平均2~3元/只鸡的收益。

16

表 9　白羽肉鸡各养殖环节单位产能统计

年份	祖代产能	父母代产能	商品鸡出栏体重	料重比
2011	52.17	108.32	2.24	1.96
2012	49.30	119.08	2.33	2.00
2013	54.99	137.89	2.32	1.95
2014	49.75	151.73	2.35	1.88
2015	48.03	143.14	2.32	1.86
2016	55.75	149.38	2.37	1.79
2017	62.82	147.59	2.48	1.74
2018	60.73	150.99	2.57	1.73

由于引进量不断增加，同时市场低迷，产能呈下降趋势，祖代种鸡进行强制换羽的比例很小。2015 年因封关，祖代种鸡引进量下降到很低的水平，已经低于 80 万套的均衡水平；生产企业不得不采用强制换羽来延长种鸡的利用期，2017 年最长更新周期延长至 112 周，2018 年底时为 94 周，全年平均 83 周。更新周期延长，每套祖代种鸡生产的父母代雏鸡数量增加，单位产能提高；2017 年和 2018 年其单位产能超过理论产能 20% 以上。延长使用周期，虽能提高祖代种鸡的利用率，降低种鸡引进成本，增加产出等益处；但是也存在所产父母代和商品代鸡抵抗力以及生产效率下降的隐患，不适合长期大面积应用。

父母代种鸡理论产能为每套种鸡可生产约 145 只商品代雏鸡。2015 年以前受生产水平和市场影响，生产企业多数无法达到，甚至差距甚远。2015 年平均更新周期仅为 51 周，达不到理论使用周期。

2018 年平均更新周期上升到 60 周左右，父母代种鸡使用周期的延长，单位产能也相应提升，较 2015 年提高约 5.5%。2018 年第四季度，因祖代种鸡过度强制换羽造成的隐患暴发，部分父母代种鸡被迫提前淘汰，影响了父母代种鸡使用周期的继续延长。

近年来商品肉鸡出栏体重持续增加，出栏日龄不断减少。2018 年平均出栏日龄 43.5 天，比 2011 年减少 1 个饲养日，而出栏体重增加 14.7%，饲料转化率提高约 22%。

2016—2018 年是白羽肉鸡生产效率飞速提升的时期。一方面是落后产能的出清，由于市场低迷，大量中小养殖户弃养，经营管理不善的企业破产改组。另一方面，竞争加剧使得肉鸡生产企业普遍加强生产管理，提高技术水平，更多的先进技术得到了应用推广（表 9）。

2. 黄羽肉鸡

祖代种鸡理论产能为每套种鸡可生

表 10　黄羽肉鸡各养殖环节单位产能统计

年份	祖代产能	父母代产能	商品鸡出栏体重
2011	43.68	101.10	1.75
2012	42.17	117.19	1.68
2013	36.12	107.33	1.76
2014	29.53	111.66	1.78
2015	38.57	112.62	1.83
2016	39.78	114.63	1.89
2017	42.66	106.21	1.92
2018	47.01	118.18	1.96

产约 50 套父母代雏鸡。黄羽肉鸡基本为国内培育品种，大多边选育边生产，独立的祖代扩繁群比例较低，因此祖代存栏量一直偏高，而实际利用率偏低，实际单位产能普遍低于理论产能。

父母代种鸡理论产能为每套种鸡可生产约 120 只商品雏鸡。而实际生产中由于市场因素，实际使用周期缩短，未达到理论利用周期，影响了父母代种鸡产能的发挥。

商品肉鸡出栏体重不断增加，出栏日龄也不断增加。2018 年平均出栏日龄 101 天，比 2011 年增加 12 个饲养日，出栏体重增加 12%，总体饲料转化率下降约 6%。影响因素主要为慢速型黄羽肉鸡占比不断提高。但不同类型单独分析，黄羽肉鸡的饲料转化率均有不同程度提升（表 10）。

（五）产业结构调整，规模化比重继续提高，一体化企业优势明显

改革开放以来，肉鸡规模化养殖的发展十分迅速，养殖规模不断上升。2000 年以前，年出栏 2 000 只以下规模养殖户占比最大，到 2005 年年出栏 2 000~10 000 只规模的养殖户占比最高，到 2010 年年出栏 10 000~50 000 只规模的养殖比重约占 1/3，到 2016 年 5 万只以上规模占比已经接近 50%。饲喂机械普及、装备水平提升以及劳动力成本不断上涨是肉鸡规模化水平持续性提高的主要推动力。

近年来，肉鸡产业市场波动较大，市场竞争加剧，单位生产效益下降，迫使落后产能加快退出，表现为：中小散养殖户数量快速减少，专业化和规模化养殖户比例提高；老牌龙头企业"步履维艰"，生产模式更先进的"一体化"企业受到的影响较小，表现出更强的生命力及持续发展能力。

（六）鸡肉消费企稳回升

近年来，肉鸡消费量总体呈下降趋势，2018 年开始企稳。改革开放以来，我国鸡肉消费量不断增加，2012 年达到历史峰值，是改革初期的 8 倍多。其后 5 年受多种因素影响，鸡肉消费发生结构性调整，消费量累计下降约 15%，今年消费下降趋势减缓，出现企稳回升的迹象。

2012 年以前，我国鸡肉消费以团餐、快餐和居民家庭消费为主，三者各占 30% 左右。销售渠道以集贸市场为主，占比约 50%，其余为超市、社区店、电商和直销渠道等。

2013—2017 年，受"禽流感"疫情影响，集团、团餐、快餐等渠道鸡肉消费量减少；"中央八项规定"和"厉行节约反对浪费"等政策的深入落实，户外餐饮等渠道鸡肉消费也大幅缩减。鸡肉的消费量迅速减少，鸡肉消费进入结构性调整阶段，产品积压，产能相对过剩。

2018 年，鸡肉市场消费出现新特点：

一是集贸市场渠道白条鸡消费量继续下降，且下降速度有加快的趋势，表明集贸市场的鸡肉消费渠道地位不断下降。

二是线上鸡肉产品种类和销售量不断增加，表现为经营鸡肉产品的店家数量增多，产品类型增多，销售量稳定增加。此外，鸡肉生鲜专营店和会员定制专送等消费模式也逐渐流行。

三是快餐消费企稳回升。2018 年前 3 季度，快餐消费两大龙头企业百胜和麦当劳在中国地区营业收入同比分别增长 10.2% 和 64%。

总的看，鸡肉消费仍处于结构性调整时期，集团餐食、快餐团餐、户外餐饮对鸡肉的需求量有触底恢复的迹象；同时，居民家庭消费占比提升，消费渠道更

加多样化。

（七）肉鸡贸易：进出口增长，维持贸易顺差

2018 年中国肉鸡产品进口量为 50.2 万吨，比上年增长 5.1 万吨，增幅 11.3%；肉鸡出口 44.7 万吨，比上年增长 1 万吨，增幅 2.3%。中国出口鸡肉以加工制品为主，占比约 60%；而鸡肉进口基本是生鲜鸡肉。由于高致病性禽流感和全球经济下行的影响，2016 年肉鸡出口量有所下降；2017—2018 年，肉鸡出口量恢复增长。由于巴西和印度等新兴经济体在饲料和劳动力上具有明显竞争优势，一定程度上会对中国鸡肉出口产生冲击，但不会影响总体增长的势头（图 3）。

二、2019 年肉鸡产业展望

（一）肉鸡生产和市场形势展望

1. 鸡肉消费

底部企稳，有望逐渐回升，进入下一个发展周期。主要推动因素：一是非洲猪瘟疫情对猪肉消费有影响，利好鸡肉家庭消费；二是快餐门店快速扩张。中信入驻麦当劳中国，计划在未来 5 年新开 2 000 家门店，汉堡王保持每月 30 家店的扩张速度。

2. 鸡肉生产

2019 年上半年白羽肉鸡生产与 2018 年下半年总体相当，可能略有增加；下半年的增长预期较大，全年预计增长 2.5%~3%。2018 年黄羽肉鸡生产增长较多，在不考虑禽流感疫情的因素下，2019 年

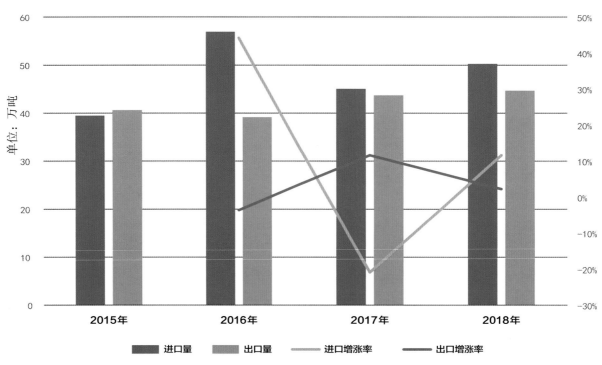

图 3　中国肉鸡进出口情况
数据来源：中华人民共和国海关总署

上半年仍将延续增长势头，下半年可能有所放缓。

3. 产业收益预期较好

由于猪肉市场供应缺口较大，鸡肉消费替代效应将逐步显现，2019 年白羽肉鸡市场供需形势继续偏紧，价格持续保持高位，商品鸡雏和肉鸡价格继续上涨。当前白羽肉鸡父母代在产存栏偏低于近年均值 5%~8%，虽然单位产能提高，但商品鸡雏供应量依旧偏紧。"禽流感"影响正逐渐淡去，消费量有望继续回升；而"非洲猪瘟"疫情可能造成猪肉减产，会进一步推动鸡肉消费拉升。2018 年 9 月后更新的祖代产能需要至少 14 个月才能形成商品鸡出栏，因此商品鸡雏和肉鸡供给上升最早或出现在 2019 年 11 月以后。在此之前，商品鸡供需形势仍将偏紧，各类产品价格将保持高位，下半年或有所下行，估计幅度有限。受白羽肉鸡市场带动，黄羽肉鸡的各类产品价格下降空间有限，仍能维持较好收益水平。

4. 国际贸易

预计 2019 年中国肉鸡出口将达到 47.5 万吨，增长 3.26%。

（二）肉鸡产业发展展望

1. 家禽无抗生产行动渐进升级

随着减抗和禁抗的呼声日益高涨，消费者关注度也持续上升。经过多年的发展，世界许多地区预防性抗生素的使用显著减少，无抗肉类也成为家禽企业在市场竞争中提高竞争力的新策略方向。麦当劳、肯德基、必胜客、赛百味等许多主流餐饮连锁店都把减少甚至不使用抗生素养殖的肉类加入餐厅食品原料的队伍中。农业农村部 2017 年 6 月发布农业部关于印发《全国遏制动物源细菌耐药行动计划（2017—2020 年）》的通知（农医发〔2017〕22 号），提出了规范并减少兽用抗生素使用的六大行动；2018 年 4 月又发布农业农村部办公厅《关于开展兽用抗菌药使用减量化行动试点工作的通知》（农办医〔2018〕13 号），明确制定了"兽用抗菌药使用减量化行动试点工作方案（2018—2021 年）"，计划 2018—2021 年以蛋鸡、肉鸡、生猪、奶牛、肉牛、肉羊等主要畜禽品种为重点，每年组织不少于 100 家规模养殖场开展兽用抗菌药使用减量化试点工作，其中试点家禽养殖场 53 家，占比超过 50%。目前，山东、江苏、河北等地已出台兽用抗菌药使用减量化试点建设实施方案并遴选出省级肉鸡等畜禽减抗行动试点养殖场，力争通过 3 年左右试点，总结、推广一批兽用抗菌药使用减量化模式，实现畜禽养殖过程中促生长类兽用抗菌药使用逐步减少、兽用抗菌药使用量"零增长"。

2. 国际贸易环境出现动荡

尽管 2018 年全球肉鸡整体发展不错，但仍然存在一些负面问题影响着全球肉鸡贸易的发展。其中，巴西受影响最大。2018 年沙特阿拉伯和阿联酋正在实施更为严格的清真屠宰标准，即禁止对家禽进行电击屠宰处理。沙特阿拉伯作为巴西最大的出口市场，这一禁令的出台对巴西的肉鸡出口造成沉重打击。此外，欧盟的贸易限制正在影响肉鸡的价格，中国对巴西的家禽产品进行的反倾销调查都影响到肉鸡贸易格局变化。

3. 供应链整体风险防控重要性日益凸显

2018 年全球高致病性禽流感（HPAI）疫情继续蔓延，与家禽养殖及禽类产品有关的沙门氏菌感染事件在全球持续发生，以及贸易摩擦等影响，会不同程度地在家禽产业供应链中表现出来，从种鸡引进、原料成本到货轮业务、港口经济，再到商超、餐饮采购、终端消费者需求。因此，对于家禽行业及企业而言，评估和管控供应链风险的重要性凸显。国内家禽产业链企业发力供应链的路径显得更加清晰，从推出禽肉调理品到开设禽肉零售店，从建设中央厨房到投建食品研发中心，再到为宇航员、体育健儿、瘦身时尚人士以及各国友人提供禽肉美食，正大食品、新希望、温氏佳味、圣农食品等多家企业在线下打造产品品牌影响力的同时，也与多方合作开拓线上渠道。

4. 数字技术应用成为家禽产业升级的驱动力

2018 年初，家乐福宣布启动区块链追溯鸡肉等食品计划，并于 10 月投入使用。目前，全球四大粮商正利用区块链等技术对国际粮食贸易进行数字化。在中国，区块链在养鸡行业也有应用，如众安科技采用区块链技术养殖的"步步鸡"等。荷兰、美国等国的家禽业界科学家正在加大力度研制基于先进数字技术的智能化设备，拣蛋机器人、鸡舍监测机器人等产品已从实验室走向欧美及中国的家禽产业各大展会，开始实现商业化应用。数字技术应用正成为家禽产业及企业升级的重要驱动力。

2018 年奶业发展形势及
2019 年展望

摘　要

据 2018 年奶站监测，生鲜乳产量平稳增长，全年产量 1 934.46 万吨，同比增长 2.87%；奶牛单产稳步提高，年均单产 7.5 吨，同比提高 10.3%；奶牛存栏继续呈现减少趋势，荷斯坦奶牛 472.25 万头，同比下降 3.3%，但降幅减缓；标准化规模养殖加快发展，奶站监测涉及奶牛养殖户户均存栏 155 头，同比增加 37.8%；生鲜乳价格触底回升，养殖效益好转，奶价 6 月份降至全年最低 3.53 元 / 千克后逐步上涨，全年平均 3.64 元 / 千克，同比增长 1.91%，规模场监测全年平均产奶利润 0.41 元 / 千克；生鲜乳质量安全状况良好，产业素质持续提升，奶业整体形势趋好。展望 2019 年，奶牛存栏将基本保持稳定，全年生鲜乳产量小幅增长，限拒收情况缓解，国内奶源自给率有望提升，但因现有生产力的局限，国内奶源供应仍然处于紧平衡状态。面对市场巨大的发展潜力，国内奶业自身将不断壮大和发展，以此来满足国民日益增长的乳制品消费需求[1]。

一、2018 年奶业形势分析

（一）奶牛生产总体保持稳定

1. 生鲜乳产量略有增长

据监测，2018 年生鲜乳产量 1 934.46 万吨，同比增长 2.87%（图 1），连续 2 年产量下降后出现恢复性增长。生鲜乳生产呈现比较明显区域性和季节特征。从区域特征看，生鲜乳产量主要集中在北方优势产区，其中河北、内蒙古自治区（以下简称内蒙古）、山东、黑龙江和宁夏回族自治区（以下简称宁夏）5 个省（区）生鲜乳产量占全国总产量的 63%，同比增长 5.34%（图 2）。从季节性特征看，近 3 年的监测数据显示，每年 7—9 月因受夏季热应激影响，奶牛单产普遍降低，生鲜乳产量减少（图 3）。

2. 奶牛存栏降幅减缓

据监测，2018 年末全国荷斯坦奶牛存栏 472.25 万头，同比下降 3.3%，延续了近年来持续下降的趋势，但降幅同比收窄了 5.6 个百分点（图 4）。从区域看，奶牛养

1　本报告分析主要基于全国所有特征生鲜乳收购站、50 个奶牛大县、730 个奶牛养殖户、90 个大规模牧场等数据。

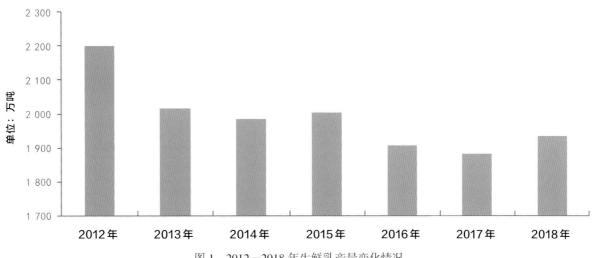

图 1　2012—2018 年生鲜乳产量变化情况

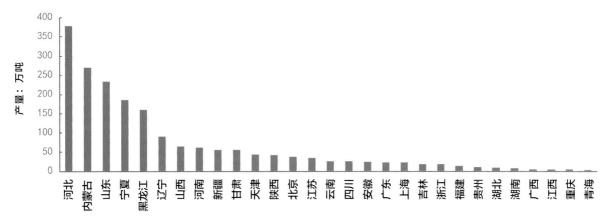

图 2　2018 年各省累计生鲜乳产量

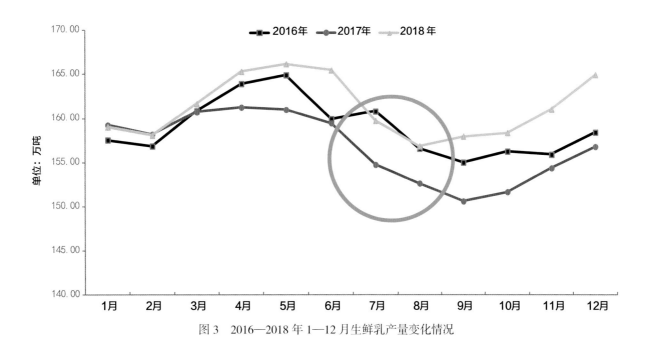

图 3　2016—2018 年 1—12 月生鲜乳产量变化情况

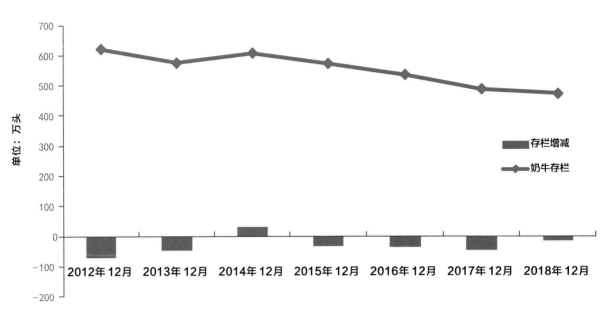

图 4　2012—2018 年奶牛存栏变化情况

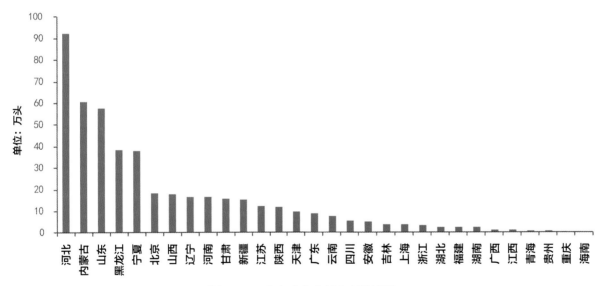

图 5　2018 年年底各省奶牛存栏情况

殖主要集中在北方，其中河北、内蒙古、山东、黑龙江、宁夏 5 个省（区）奶牛养殖占全国总存栏的 61%（图 5）。环保因素和养殖效益较差是奶牛存栏下降的主要原因。

3. 生鲜乳价格触底回升

2018 年生鲜乳价格触底回升，呈现明显季节性特征。2018 年初至 6 月，生鲜乳价格持续探底，降至全年最低 3.53 元 / 千克，随后开始恢复性上涨。2018 年 12 月生鲜乳价格为 3.80 元 / 千克，同比上涨 3.26%（图 6）。上半年生鲜乳价格下降主要源于季节性供需矛盾，一般来说，上年 11 月至翌年 4 月为产奶高峰期，但同时也是乳制品消费淡季，加上乳制品进口冲击，导致供大于求，生鲜乳价格逐渐

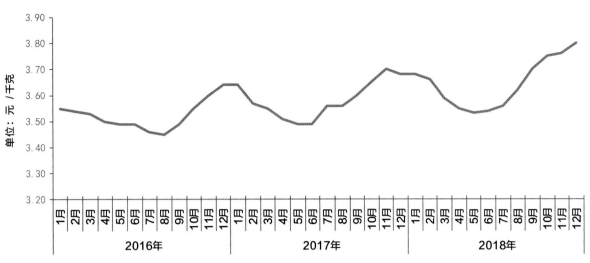

图 6　2016—2018 年生鲜乳价格变化情况

走低。下半年生鲜乳价格回升，主要有 3 方面影响因素：一是乳制品消费转旺，而同期热应激影响大，生鲜乳产量下降，奶源供应紧缺；二是由于中美贸易摩擦影响，苜蓿、豆粕等原料价格不断上涨导致生鲜乳生产成本逐渐加大；三是国内奶牛存栏不断减少，生鲜乳产量下降。

4. 下半年养殖效益趋好

随着生鲜乳价格的不断上涨，养殖场平均产奶利润也在不断增加。2018 年 12 月固定规模场监测平均产奶利润为 0.56 元 / 千克，折合成年单产 7.5 吨的产奶利润为 4 200 元 / 头，与上半年相比，养殖效益逐渐趋好。从全年来看，2018 年固定规模场监测生鲜乳平均成本为 3.2 元 / 千克，平均产奶利润为 0.41 元 / 千克，折合成年单产 7.5 吨的产奶利润为 3 075 元 / 头（图 7）。

（二）产业整体素质提升

1. 牧场规模化转型加快

小散户加快退出奶牛养殖，户均奶牛存栏稳步提升，现代化规模牧场稳定发展。据监测，2018 年全国奶牛养殖场户平均存栏 155 头，同比增加 37.8%（图 8）。标准化规模养殖比重逐渐增加，100 头以上规模养殖场比例可望达到 62%，比上年提高 3.7 个百分点。

2. 单产水平稳步提高

随着标准化规模养殖比重的增加，振兴苜蓿行动计划和粮改饲等政策的落地，以及智能化牧场管理系统等现代化奶牛养殖科技应用和管理水平的提高，奶牛单产不断提高。2018 年全国荷斯坦奶牛平均单产为 7.5 吨，与 2017 年年均单产 6.8 吨相比，同比提高 10.3%（图 9）。

3. 规模化牧场成为生鲜乳供应的主体

我国规模化养殖场已成为生鲜乳供应的主体。根据监测数据与调研显示，现代牧业、光明等 14 家大型养殖企业年生鲜乳产量占全国生鲜乳总产量的 31%，其中现代牧业、光明及澳亚奶牛存栏占 14 家养殖企业总存栏的 43%，涉及养殖场占总养殖场数的 14%。

单位：元/成母牛·年

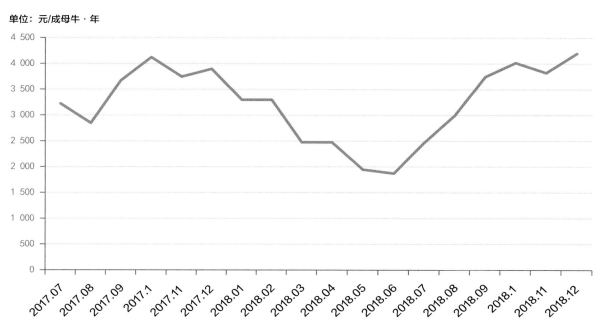

图 7 固定监测规模场单产 7.5 吨年平均利润变化情况

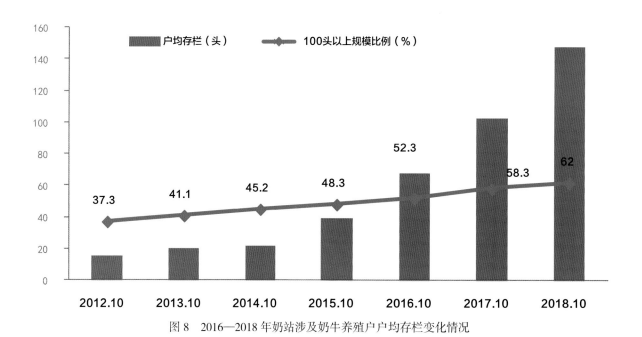

图 8 2016—2018 年奶站涉及奶牛养殖户户均存栏变化情况

（三）乳品质量安全水平整体提升

根据国家市场监督管理总局公告数据显示 2018 年乳及乳制品抽检合格率为 99.6%。《中国奶业质量报告（2018）》显示，2017 年我国奶产品整体安全状况已经达到较高水平，国产奶的品质明显优于进口奶。生鲜乳抽检合格率达到 99.8%，位居食品行业前列。乳制品中三聚氰胺等重点监控违禁添加物抽检合格率连续 9 年保持 100%。乳制品总体抽检合

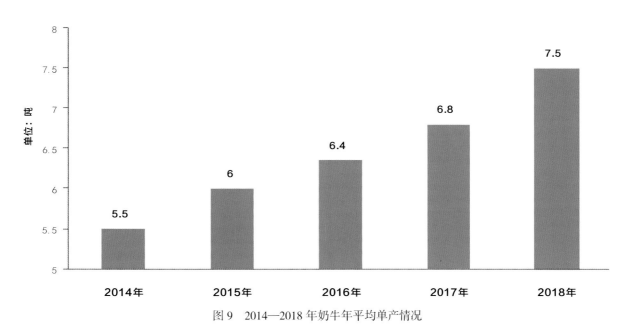

图 9　2014—2018 年奶牛年平均单产情况

图 10　2010—2017 年中国奶类产量、乳制品产量及消费量
数据来源：中国奶业协会

格率为 99.2%，其中婴幼儿配方乳粉抽检合格率为 99.5%。

（四）乳制品进口趋缓

1. 乳制品消费潜力巨大

我国乳制品消费增长仍蕴含巨大潜力。2017 年全国人均乳制品消费量折合生鲜乳为 36.9 千克，同比增长 2.2%（2018 年《中国奶业质量报告》）。虽然乳制品消费增速平稳，但我国人均乳制品消费量仍然较低，约为世界平均水平的 1/3，且主要以液态奶消费为主，乳制品消费增长存在巨大潜力（图 10）。

27

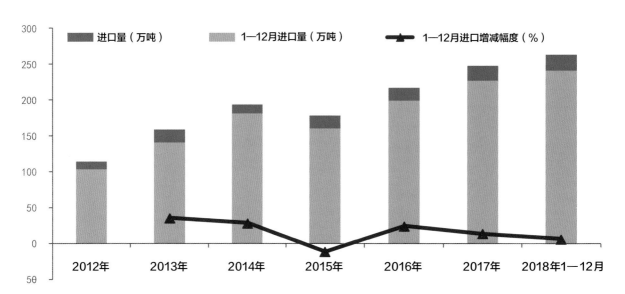

图 11 2012—2018 年乳制品进口变化情况
数据来源：中华人民共和国海关总署

2. 乳制品进口增速趋缓

受人民币汇率和加征关税的影响，乳制品进口增幅放缓，有利于国内奶牛养殖发展。2018 年 1—12 月累计进口乳制品 264.5 万吨，折合鲜奶约 1 625.7 万吨，同比增加 6.80%，增幅同比下降 6.8 个百分点（图 11）。其中进口奶粉 115.34 万吨，同比增长 11.00%；乳清粉 55.48 万吨，同比增加 5.28%；鲜奶 67.33 万吨，同比增加 0.86%。

3. 乳企仍处于产业链主导地位

奶业产业链利益分布不均衡。乳品加工企业处于产业链的主导地位，营业收入持续增长，而奶牛养殖企业仍处于弱势地位，尤其是中小养殖户效益微薄，产业链利益分配失衡。2018 年现代牧业营业收入 49.57 亿元，同比增长 3.6%，净利润 −4.96 亿元。2018 年伊利营业收入仍居于全国首位，营业收入近 800 亿元，同期增长 16.9%，净利润 64.52 亿元，扣非净利润同期增长 10.32%；2018 年蒙牛营业收入近 700 亿元，同比增长 14.7%，净利润 30.43 亿元，实现 48.6% 的高增长。

二、2019 年奶业展望

（一）产业素质将不断提升

随着国务院办公厅《关于推进奶业振兴保障乳品质量安全的意见》（国办发〔2018〕43 号）等奶业扶持政策的相继出台、奶牛饲养管理水平的提升与现代科技的不断应用，规模化进程将不断加快，户均存栏将进一步增加，奶牛单产持续提高。在此基础上继续引导适度规模养殖，提高养殖效益。

（二）养殖业仍将面临较大压力

一方面国际贸易问题导致饲草料价格上涨呈确定性、持续性态势，而在每年上半年产奶旺季、消费淡季，生鲜乳价格一般处于低谷，2019年上半年奶牛养殖企业很可能面临成本上涨和奶价下跌的双重压力；另一方面受养殖模式、生产效率及成本等因素的影响，国际生鲜乳价格普遍低于国内，加之中国乳品进口关税大幅低于国际平均水平，国内奶牛养殖业仍将持续受到来自低价进口乳制品的冲击；另外国内环保要求以及乳品加工企业对奶牛养殖企业的束缚等，都将制约奶牛养殖业的发展。

（三）乳制品消费仍处于增长期

从市场需求及消费情况看，全国乳制品消费量未达到饱和状态，乳制品消费仍然存在较大的上涨空间，预计2019年国民人均乳制品消费量仍将继续增长，从而带动乳品加工企业年销售量以及营业收入，然而由于乳品加工企业与奶牛养殖业之间利益联结机制的欠缺，奶牛养殖业仍将艰难前行，国内消费仍然需要依赖进口。

2018年肉牛产业发展形势及
2019年展望

摘　要

2018年，我国牛肉生产供给总体稳定。2018年底肉牛存栏同比下降1.3%，能繁母牛存栏同比减少1.9%，市场牛源总体偏紧。牛肉进口量继续增加，同时中澳活牛进口、中缅跨境屠宰项目实施增加了国内市场牛肉供给。居民牛肉消费需求总体保持增长，牛肉供求呈趋紧格局，价格高位趋涨，养殖效益较好。

展望2019年，产业扶贫、粮改饲项目继续助推肉牛养殖发展，肉牛存栏基本稳定，受能繁母牛存栏下降影响，牛源将进一步紧缺，专业育肥养殖处于高成本高收益状态，专业繁育养殖效益利好，牛肉消费量保持增长，进口继续增加，消费增速高于生产，牛肉供求呈趋紧格局，价格、效益仍将保持高位，节本增效、绿色可持续发展将是未来趋势[1]。

一、2018年肉牛产业运行保持稳定

（一）生产供给总体稳定，产业扶贫和粮改饲项目持续发力

1. 全年牛肉产量同比略有增加

伴随本年牛肉价格持续高涨，养殖户出栏肉牛有所增加，产量小幅增长。据监测，2018年肉牛出栏指数同比增长1.74%，出栏肉牛头均活重同比增长1.71%，结合出栏指数和出栏活重，牛肉产量同比增长2.91%。

2. 肉牛存栏、能繁母牛存栏均小幅下降，监测的贫困县肉牛养殖稳定增长

据监测，2018年末肉牛存栏同比下降1.3%，其中贫困县[2]肉牛存栏同比增长5.1%（图1）。

2018年末能繁母牛存栏同比下降1.9%，其中贫困县能繁母牛存栏同比增长

1　本报告分析判断主要基于16个省区市50个县的250个定点监测行政村、750个定点监测户、约1 350家年出栏肉牛100头及以上规模养殖场的养殖量及成本收益等数据。

2　注：监测样本涉及贫困地区16个县市的74个村，涉及粮改饲试点区30个县市的142个村。

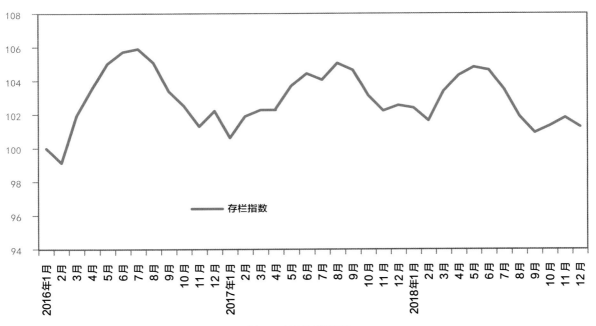

图 1　肉牛存栏情况

4.5%，粮改饲试点区能繁母牛存栏同比增长 0.5%（图 2）。能繁母牛和犊牛架子牛市场价格较高，一定程度上反映了市场牛源的短缺。内蒙古通辽、赤峰等地区，一头 15~18 月龄的杂交西门塔尔成母牛价格为 1.5 万 ~1.8 万元；1 头出生一个月的犊牛价格能卖到 6 000~7 000 元。贵州本地黄牛（关岭牛）成母牛价格也在 1 万 ~1.3 万元。即使这样的高价格，短期买到一定数量的成母牛也很困难。

2018 年，监测的肉牛累计出栏指数同比增 1.74%，本年养殖效益利好，养殖户出栏有所增加（图 3）。

3. 肉牛生产效率逐步提升，出栏头均活重同比增 1.7%，肉牛青贮饲喂有所增加，养殖场户圈舍设施、粪污处理装备提升

2018 年出栏肉牛头均活重为 540.4 千克，同比增长 1.71%。肉牛生产管理水平较高且以养殖西门塔尔、秦川牛等国内育成品种为主的母牛繁育场，由过去的 3 年 2 胎，基本能达到目前的 1 年 1 胎。2018 年国家粮改饲试点面积为 1 200 万亩，增加了青贮玉米及优质牧草的供给；草原生态奖补奖政策有效支撑了牧区肉牛养殖逐步增加对人工饲草的利用，2016 年，牧区人工饲草地种植面积增加到 2 549 万亩，比 2011 年增加了 383 万亩。这些都有效提高了土地资源的利用效率和饲草料的转化效率。国家发改委和农业农村部开展的畜禽粪污资源化利用整县推进项目，计划到 2020 年实现畜禽粪污综合利用率达到 75% 以上，规模养殖场粪污处理设施装备配套率达到 95%，将带动肉牛规模养殖场圈舍设施、粪污处理设施装备的提升，都从不同层面保障肉牛养殖生产效率的提升。

4. 肉牛养殖规模化程度逐步提升，创新产业链带动地方三产融合发展模式

2018 年末肉牛养殖户比重为 15.9%，

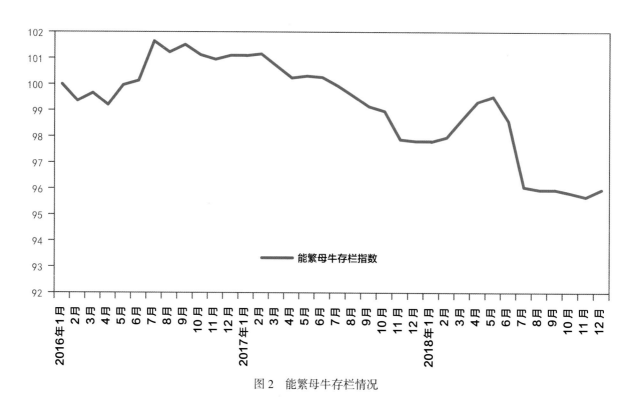

图 2 能繁母牛存栏情况

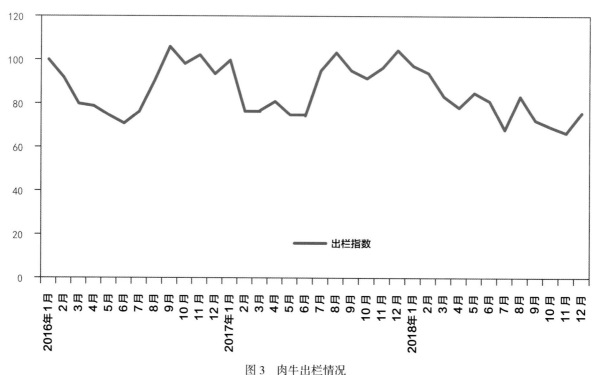

图 3 肉牛出栏情况

比年初下降 1.09 个百分点，上年同期减少 0.39 个百分点。年末户均存栏约为 7 头，同比增长 8.6%（图 4）。草牧业试点带动

下，农牧结合、生态循环的肉牛产业发展模式成为新趋势。宁夏、贵州的肉牛产业扶贫中，公司＋合作社＋农户的经营模式，

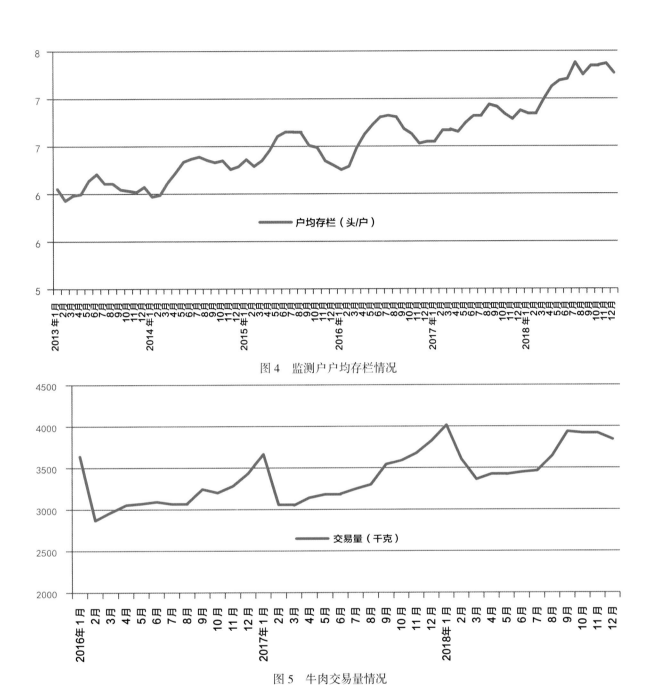

图 4　监测户户均存栏情况

图 5　牛肉交易量情况

有效推动了当地小规模、大群体的肉牛生产扩张模式。

（二）牛肉市场需求继续旺盛，交易量明显增加

1. 牛肉消费量保持增长

随着城乡居民消费水平的提升和肉类消费升级，牛肉消费需求继续保持增长态势。一是人均牛肉消费保持增长。据国家统计局数据显示，2017 年我国城镇居民家庭人均牛肉消费量 2.6 千克，同比增长 4.0%；农村居民家庭人均牛肉消费量 0.9 千克，与上年持平。二是牛肉消费总量保持增长。受人口增长和城镇化等因素

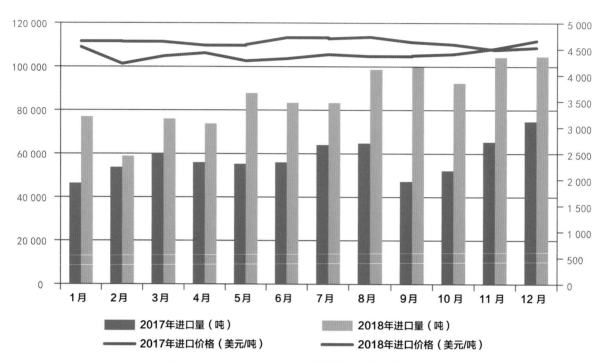

图 6　2017—2018 年 1—12 月我国牛肉月度进口情况

推动，2017 年城乡居民牛肉消费量同比增长 6.1%。

2. 牛肉市场交易量明显增加

据对 240 个县集贸市场牛肉交易量监测，2018 年牛肉平均交易量同比增长 8.7%（图 5），反映出终端消费需求增长势头明显。

（三）牛肉进口量和来源国继续增加

2018 年我国进口牛肉 103.94 万吨，同比增长 49.5%；平均到岸价格 4 617.86 美元/吨，同比上涨 4.7%（图 6）；进口价格折合人民币为 31.14 元/千克，优势显著。

牛肉进口贸易国有巴西、乌拉圭、澳大利亚、新西兰、纳米比亚、匈牙利、蒙古、美国、墨西哥、南非、英国、白俄罗斯、爱尔兰，进口主要来自巴西、乌拉圭、澳大利亚和新西兰。

（四）牛肉供求呈趋紧格局，价格为历史最高水平，养殖效益处于高位

1. 牛肉价格达到历史最高水平

近两年牛肉供求总体趋紧。全国牛肉产品价格从 2017 年 8 月开始进入上行通道，至 2018 年末累计上涨 11.5%。2018 年全国牛肉平均价格为 65.14 元/千克，同比上涨 3.8%（图 7）。

2. 养殖效益处于高位，全年肉牛养殖行业对农民增收贡献达到 1 000 亿元以上

2018 年育肥出栏肉牛平均价格为 26.33 元/千克，同比上涨 3.9%；育肥出栏肉牛头均纯收益为 1 387 元，同比增长 8.4%；繁育出售架子牛平均价格为 27.82 元/千克，同比上涨 5.3%；繁育出售架子牛头均纯收益平均为 3 047 元，同比增长

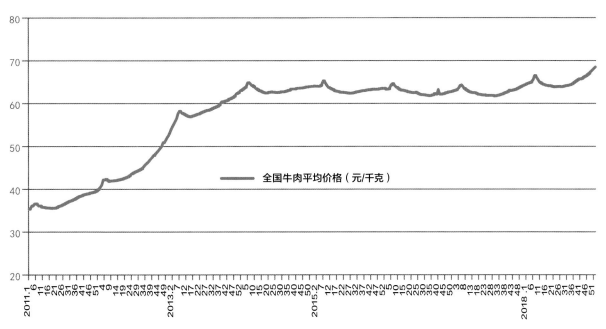

图 7　2011 年以来全国牛肉周平均价格情况

15.7%（图 8）。根据出栏量和头均养殖收益测算，2018 年我国肉牛养殖对农民增收贡献超过 1 000 亿元。

二、2019 年肉牛产业发展基本平稳

（一）肉牛产业处于转型发展期

在国家农业供给侧结构性改革大背景下，我国肉牛业正处于转型发展期。一是草原牧区肉牛养殖生产转型升级。在草原生态保护补奖政策实施下，牧区肉牛养殖正逐步向舍饲圈养、标准化、规模化发展，对饲草的利用逐步向青贮、优质饲草转变。二是规模化养殖面临环保背景下的转型发展。2020 年，全国畜禽粪污综合利用率要求达 75% 以上，规模养殖场粪污处理设施装备配套率达到 95%，将倒逼规模化肉牛养殖场户注重设施设备的改造升级，有利于肉牛业生产效率提升。

（二）牛肉生产供给将保持现有水平

一是肉牛存栏基本稳定或略有减少。虽产业扶贫将带动部分区域农户肉牛养殖，但肉牛养殖总户数及比重仍呈下降趋势，养牛户比重降幅预计在 0.5 个百分点，肉牛存栏稳定或略有减少。二是母牛存栏预计保持现有水平或小幅减少。当前，虽产业扶贫区母牛养殖小幅增加以及效益利好会带动部分区域母牛养殖积极性，但受政策变动（母牛补贴取消）、养殖周期长及环保等因素影响下规模场母牛存栏明显下降，总体来看，母牛存栏将保持现有水平或小幅减少。三是肉牛出栏活重有望进一步提升。随着肉牛规模化水平提升，养殖技术的提高，出栏肉牛活重有望增加 2%~3%。综合分析，牛肉生产供给基本

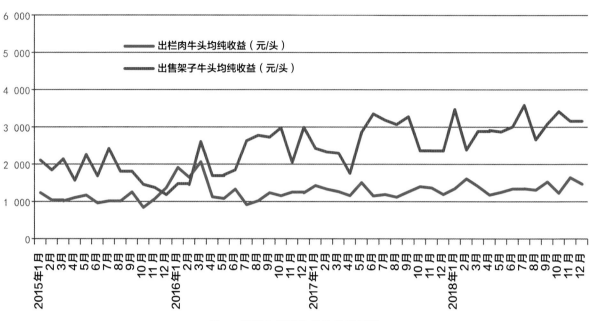

图 8　育肥和繁育头均纯收益情况

保持现有水平。

（三）牛肉消费需求继续增长

据监测，2018 年肉牛累计出栏同比增长 1.74%，据对 240 个县集贸市场牛肉交易量监测，2018 年牛肉平均交易量同比增长 8.7%。由此看出，2018 年牛肉市场需求稳定增长。2019 年，随着居民收入水平增加、生活水平提高、城镇化进程加快，居民对牛肉消费需求继续保持增长。与此同时，在国内非洲猪瘟疫情影响下，居民对牛肉的消费需求将稳定增长。

（四）牛肉供求总体紧平衡

我国牛肉生产基本稳定，消费保持增长，贸易国的逐步放开，牛肉进口量将继续增加，综合判断供求呈紧平衡态势，牛肉价格继续高位上涨，养殖效益较好。专业育肥养殖效益将呈高成本高收益格局，节本增效是核心；专业繁育养殖效益较好，但能繁母牛数量增长缓慢，母牛价格将继续上升。

2018 年肉羊产业发展形势及
2019 年展望

摘 要

在经历了 3 年产能调减之后，2018年肉羊生产有所恢复，肉羊出栏量有所上升，但能繁母羊存栏和新生羔羊总量有所下降；羊肉消费需求继续增长，推动羊肉价格和肉羊出栏价格明显上涨，达到历史高位水平，肉羊养殖效益显著提升；羊肉进口数量大幅增长，贸易逆差进一步扩大。展望 2019 年，肉羊产业发展形势比较乐观，预计肉羊生产将逐步恢复，羊肉消费稳中有升，供需仍将总体偏紧，价格行情预计较好，肉羊养殖效益将继续保持高位水平[1]。

一、2018 年肉羊产业发展形势

（一）肉羊生产有所恢复

1. 肉羊规模养殖水平继续提升

据监测，2018 年养羊户数、养羊户

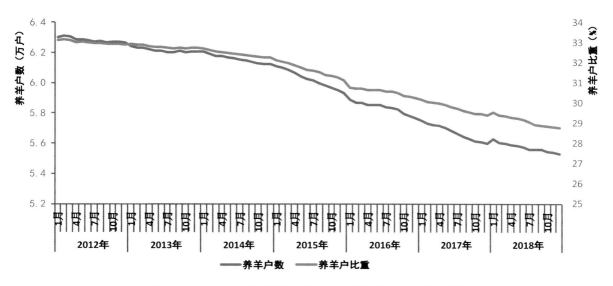

图 1 2012 年 1 月以来监测村养羊户数和养羊户比重变化情况

---

1 本报告分析主要基于全国 100 个养羊大县中 500 个定点监测村、1 500 个定点监测户和年出栏 500 只以上规模养殖场数据。

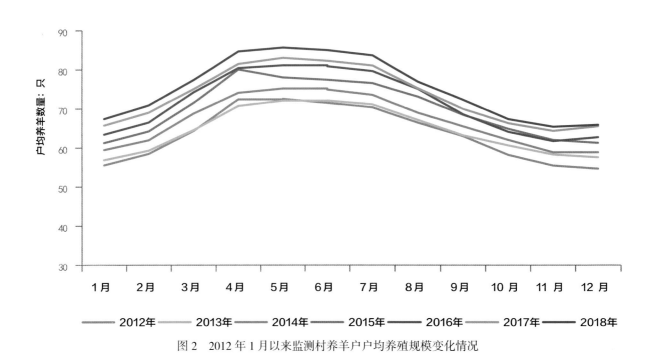

图 2　2012 年 1 月以来监测村养羊户户均养殖规模变化情况

图 3　2015 年 1 月以来监测县肉羊存栏情况

比重呈持续下降态势（图 1），平均养殖规模呈上升趋势（图 2）。2018 年末，监测县养羊场户数量同比下降 1.2%，养羊场户占所有农户的比重为 28.7%，同比下降 0.7 个百分点；平均养殖规模 65.9 只，

同比上升 0.6%；由于受环保政策影响，规模养殖场数量同比下降 4.5%。

2. 肉羊养殖量出现上升

监测县肉羊平均养殖量（存栏出栏合计）同比增长 1.3%，但仍低于 2015 年

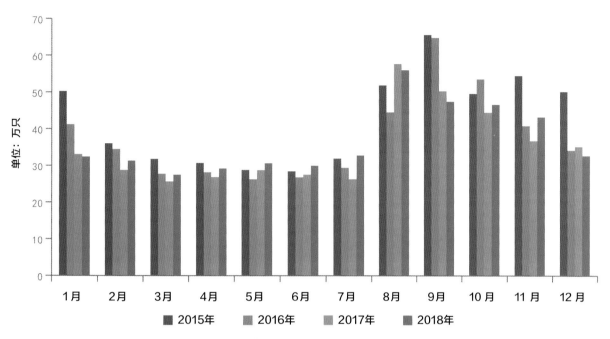

图 4　2015 年 1 月以来监测县肉羊出栏情况

和 2016 年水平。2018 年末，监测县肉羊存栏同比下降 1.2%，比 2015 年下降 5.4%，已降至近年来最低水平（图 3）。分品种看，绵羊和山羊存栏同比分别下降 0.7% 和 2.2%。

2018 年，监测县出栏肉羊同比增长 4.4%，但仍低于 2015 年和 2016 年出栏水平。分品种看，绵羊出栏同比上升 7.2%，山羊出栏同比下降 10.5%。肉羊出栏季节性特征明显，秋冬季节出栏数量较多，而春夏季节出栏数量较少（图 4）。

3. 能繁母羊存栏和新生羔羊总量继续下降

2018 年末监测县能繁母羊存栏同比下降 3.2%，处于 2015 年以来同期低位水平（图 5）。分品种看，绵羊和山羊能繁母羊存栏同比分别下降 3.2% 和 3.1%。能繁母羊比重为 55.9%，同比下降 1.19 个百分点（图 6）。受能繁母羊存栏数量下降

以及部分地区旱灾导致新生羔羊死亡率上升影响，2018 年新生羔羊总量同比下降 6%，降至 2015 年以来低位水平。

4. 出售羔羊和架子羊数量同比上升

2018 年，监测县出售羔羊和架子羊数量同比增长 2.5%。从变化趋势上看，羔羊和架子羊出售季节性特征明显，7—10 月为羔羊和架子羊出售高峰期（图 7）。分品种看，出栏绵羊羔羊和架子羊同比增长 5.2%，出栏山羊羔羊和架子羊同比下降 15.9%。

（二）肉羊养殖效益显著提升

1. 肉羊出栏价格涨幅明显

2018 年，绵羊平均出栏价格每千克 23.19 元，同比上涨 14.7%；山羊平均出栏价格每千克 30.75 元，同比上涨 14.9%，均达到历史高位水平（图 8）。

肉羊供给紧缺和羊肉消费需求持续

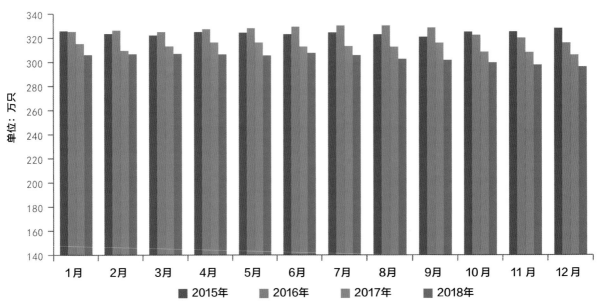

图 5 2015 年 1 月以来监测县能繁母羊存栏情况

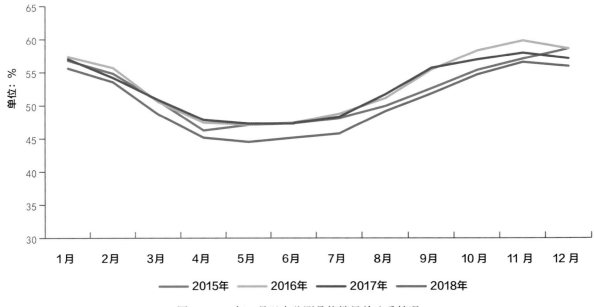

图 6 2015 年 1 月以来监测县能繁母羊比重情况

增加，是肉羊出栏价格持续上涨的主要原因。肉羊供给方面，2014 年冬季至 2016年，肉羊出栏价格下跌导致肉羊产能下降，2017 年下半年以来随着肉羊养殖效益逐步回升，养殖户养殖积极性逐渐提高，但

是由于羔羊紧缺，饲料、运输等养殖成本的较快上升，更加严格的环保政策以及较长的养殖周期等原因，肉羊生产恢复较为缓慢，肉羊供给仍较紧缺。羊肉需求方面，居民对羊肉消费需求持续增加，据对 240

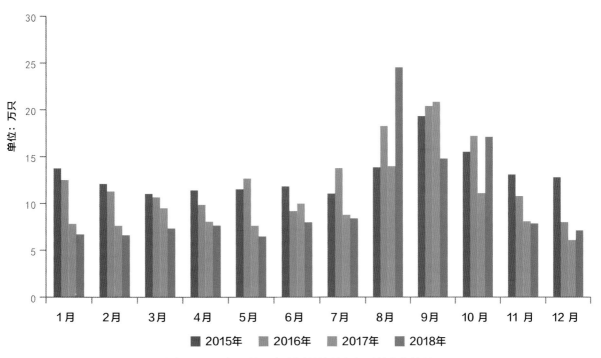

图 7　2015 年 1 月以来监测县羔羊和架子羊出售情况

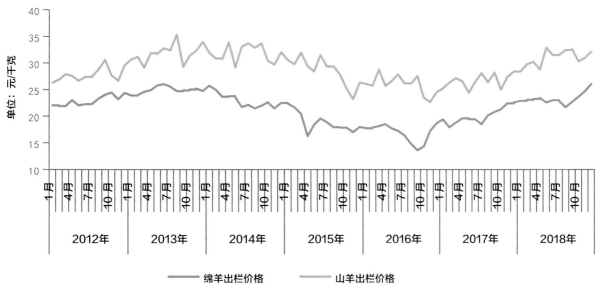

图 8　2012 年 1 月以来肉羊出栏价格变化情况

个县集贸市场监测，2018 年羊肉交易量同比上升 1.1%。

2. 肉羊养殖总成本有所上升

由于架子羊、精饲料和饲草等费用增长，2018 年肉羊养殖成本有所上升。每只 45 千克绵羊养殖成本约 770 元，同比上升 18.4%；每只 30 千克山羊养殖成本为 519 元，同比上升 3.3%。绵羊和山羊养殖成本的上升主要受羔羊费用上升的影响，每只 45 千克绵羊和每只 30 千克山羊

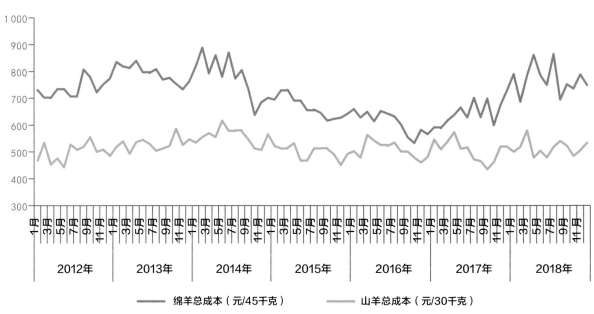

图 9　2012 年 1 月以来肉羊平均总成本变化情况

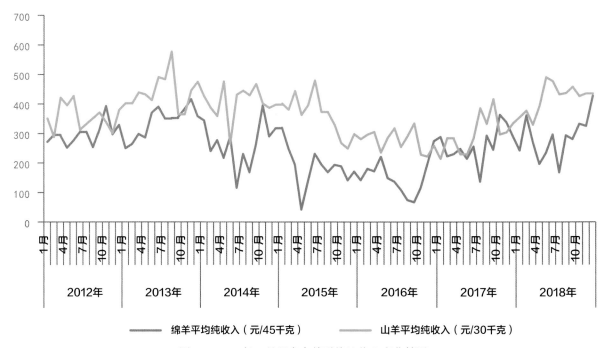

图 10　2012 年 1 月以来肉羊平均纯收入变化情况

养殖成本中羔羊费用分别为 539 元和 347 元，同比分别上升 21.1% 和 6.8%（图 9）。

3. 肉羊养殖效益显著提升

2018 年，每出栏一只 45 千克绵羊和一只 30 千克山羊分别可获利 279 元和

409 元，同比分别上升 3.7% 和 33.8%，均达到历史高位（图 10）。

4. 自繁自育户只均养殖效益较好，专业育肥户总效益较高

自繁自育户由于养殖成本相对较低，

表 1　2018 年我国牧区半牧区与农区肉羊养殖效益情况

（单位：元 /45 千克、元 /30 千克）

月份	绵 羊		山 羊	
	牧区半牧区	农区	牧区半牧区	农区
2018.01	409.26	188.38	250.16	391.10
2018.02	464.72	301.24	347.73	387.78
2018.03	455.64	169.24	312.72	329.81
2018.04	310.53	133.48	442.53	393.47
2018.05	291.90	199.31	726.03	463.01
2018.06	344.10	249.83	592.30	459.62
2018.07	443.17	217.74	516.12	428.36
2018.08	297.92	252.34	428.75	448.67
2018.09	334.88	206.66	358.54	519.29
2018.10	433.18	143.50	433.89	433.63
2018.11	410.04	253.42	532.81	419.36
2018.12	529.98	321.44	339.82	506.73
2018 年平均	373.22	197.20	372.54	427.13
2017 年平均	343.68	215.70	360.60	278.72
同比	8.59	−8.58	3.31	53.25

只均养殖收入较专业育肥户高。2018 年自繁自育户每出栏一只 45 千克绵羊和一只 30 千克山羊分别可获利 384 元和 441 元，比专业育肥户分别高 182 元和 146 元。由于专业育肥户养殖规模大、出栏周期短、出栏率高，总养殖效益好于自繁自育户。2018 年自繁自育户平均存栏 165 只，户均出栏 206 只，出栏率为 125%；专业育肥户平均存栏 237 只，户均出栏达 1463 只，出栏率为 619%。

5. 牧区半牧区绵羊养殖效益高于农区，山羊养殖效益低于农区

2018 年牧区半牧区每出栏一只 45 千克绵羊可获利 373 元，比农区高 176 元；而每出栏一只 30 千克山羊可获利 373 元，比农区低 55 元。牧区半牧区山羊养殖效益较低主要受出栏价格与养殖成本共同影响，2018 年牧区半牧区山羊出栏价格为 30.10 元 / 千克，比农区低 2.7%；每只出栏山羊养殖成本为 541 元，比农区高 5%。与 2017 年相比，2018 年我国牧区半牧区绵羊、山羊养殖效益均有所上升；而农区有所不同，山羊养殖效益同比上升，绵羊养殖效益同比下降（表 1）。

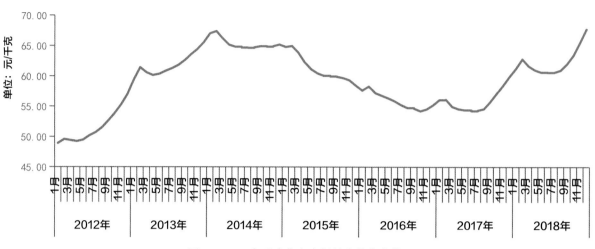

图 11　2012 年以来集贸市场羊肉价格走势

（三）羊肉价格快速回升

受小反刍兽疫、进口冲击等多重因素影响，羊肉价格自 2014 年初开始持续下跌，在经历了两年多市场低迷之后，自 2017 年下半年开始触底反弹并快速回升。据对全国 500 个县集贸市场监测，2018 年末全国羊肉平均价格每千克 67.77 元，同比上涨 13%，已突破历史最高水平；全年羊肉平均价格每千克 61.69 元，同比上涨 10.3%（图 11）。

（四）羊肉进口保持增势，贸易逆差进一步扩大

2018 年，我国进口羊肉 31.90 万吨，同比增长 28.1%；累计进口金额 86.49 亿元，同比增长 45%，进口量和进口额均已突破历史最高水平。全年出口羊肉 0.33 万吨，同比下降 36.2%；累计出口金额 2.34 亿元，同比下降 23.3%（表 2）。2018 年我国羊肉贸易逆差 84.15 亿元，同比扩大 48.7%。进出口贸易国（地区）比较集中，其中进口全部来自新西兰、澳大利亚、乌拉圭、智利、哈萨克斯坦和美国等 6 个国家，出口目的地主要是中国香港、中国澳门和柬埔寨等。进口以冷冻绵羊肉为主，出口以山羊肉为主。

二、2019 年肉羊产业发展展望

（一）肉羊生产将逐步恢复

随着肉羊养殖效益的提升，养殖户肉羊养殖积极性逐渐提高，2019 年肉羊生产可望逐步恢复。但由于 2018 年年初以来能繁母羊数量和新生羔羊总量同比下降，将导致 2019 年可供出栏肉羊数量有所下降，预计 2019 年肉羊供给仍将偏紧。

（二）羊肉消费需求将稳中有升

根据农业农村部 240 个县集贸市场羊肉交易量数据显示，羊肉交易量继续上升，2018 年羊肉累计交易量同比上升 1.1%，表明居民羊肉消费需求继续增加（图 12）。肉羊产业监测分析专家组基于 AIDS 模型（Almost Ideal Demand System）

表 2　2018 年我国羊肉进出口情况

（单位：千吨、亿元）

月份	进口量	进口额	出口量	出口额
1 月	36.22	9.86	0.59	0.34
2 月	20.18	5.12	0.20	0.12
3 月	33.24	8.63	0.05	0.03
4 月	29.75	7.47	0.06	0.04
5 月	27.54	6.96	0.14	0.09
6 月	28.75	7.70	0.14	0.10
7 月	28.02	7.85	0.13	0.10
8 月	23.57	6.62	0.08	0.06
9 月	20.59	5.78	0.18	0.22
10 月	19.92	5.57	0.71	0.49
11 月	23.71	6.80	0.54	0.40
12 月	27.55	8.13	0.48	0.35
2018 年	319.04	86.49	3.29	2.34
2017 年	248.98	59.64	5.16	3.05
同比	28.14%	45.02%	−36.24%	−23.28%

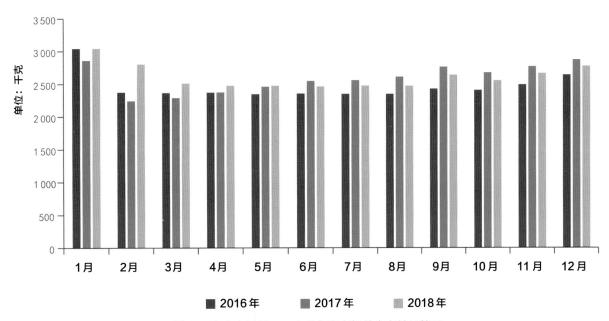

图 12　农业农村部 240 个县集贸市场羊肉交易量情况

45

表 3　我国居民各种肉类需求的收入弹性（%）

品种	猪肉	牛肉	羊肉	禽肉
弹性	0.23	0.48	0.51	0.37

数据来源：采用 FAO 数据库中中国各种肉类表观消费量 1995—2013 年数据测算

测算的我国居民羊肉的需求收入弹性值（指收入变动 1% 所引起需求变动的百分比）为 0.51%，高于其他品种肉类需求收入弹性（表 3）。虽然羊肉价格上升在一定程度上抑制了居民羊肉消费，但随着我国城镇化进程加快、居民收入水平的大幅提高以及居民肉类消费结构升级，居民对高蛋白、低脂肪、富含营养物质的羊肉消费需求总量仍将稳中有升。

（三）肉羊养殖效益将保持较好水平

考虑到受肉羊生长周期的限制，羊肉供给能力短期内恢复程度有限，而羊肉消费需求将稳中有升，短期内羊肉供需矛盾将难以消除，进而推动羊肉价格继续处于高位水平。因此，预计 2019 年羊肉价格将继续处于高位，肉羊养殖效益将继续保持较好水平。

（四）羊肉进口规模将进一步扩大

2019 年羊肉供给仍将保持紧平衡状态，同时羊肉价格预计也将处于高位水平，国内外价差也将继续保持高位。而且随着"一带一路"建设的不断推进，中国—新西兰双边自贸协定升级谈判的顺利开展，中国进口澳大利亚羊肉关税的进一步降低，内陆地区进口肉类指定口岸建设进程的提速，羊肉进口来源国多元化和贸易条件便利化将进一步提高。综合判断，预计 2019 年羊肉进口规模将进一步扩大。

畜产品贸易形势及展望

一、畜产品贸易

2018 年 1—12 月畜产品出口额 68.58 亿美元，同比增加 7.9%；进口额 285.17 亿美元，同比增加 11.3%，逆差 216.59 亿美元，同比增加 12.5%。

肉类及制品（包括活动物）出口额 44.41 亿美元，同比增 1.8%，主要出口中国香港、日本、德国、泰国和荷兰，分别占总出口额的 32.6%、27.8%、6.9%、4.2% 和 3.9%；进口额 115.42 亿美元，同比增 16.7%，主要进口来自巴西、澳大利亚、新西兰、阿根廷和乌拉圭，分别占 24.0%、13.4%、12.6%、7.7% 和 7.1%（图 1）。其中，肉类及杂碎出口量 27.87 万吨，同比减少 10.2%，进口量 407.17 万吨，同比增加 3.3%。

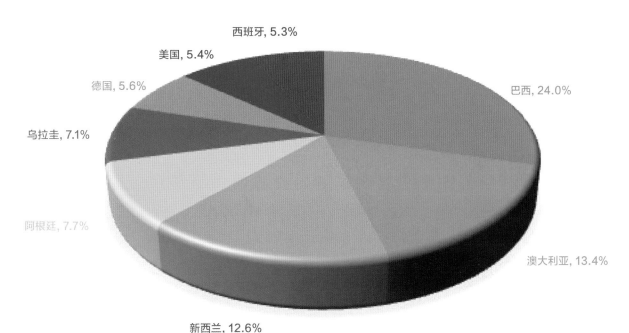

图 1 2018 年肉类及制品主要进口市场进口额占比

2018 年畜牧业发展形势及 2019 年展望报告

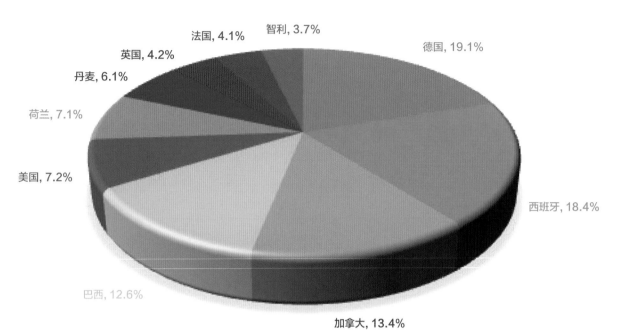

图 2　2018 年猪肉主要进口市场进口量份额

1. 猪肉进口略减

生猪产品出口额 10.92 亿美元，同比减 5.8%；进口额 36.26 亿美元，同比减 17.6%。鲜冷冻猪肉进口 119.28 万吨，同比减 2.0%，主要进口来自德国、西班牙、加拿大、巴西和美国，分别占 19.1%、18.4%、13.4%、12.6% 和 7.2%，合计占 70.8%（图 2）；出口量 4.18 万吨，同比减少 18.6%，主要出口到中国香港和中国澳门，占 85.6% 和 8.1%。猪杂碎进口 96.06 万吨，同比减少 25.1%，主要来自美国、丹麦、德国、加拿大和西班牙、荷兰，分别占 18.4%、14.8%、13.9%、12.6% 和 11.7%、11.4%，合计占 82.7%。加工猪肉出口 11.43 万吨，同比增加 5.3%，主要出口中国香港、日本和菲律宾，分别占 37.7%、29.1% 和 14.9%，合计占 81.7%。

2. 牛肉进口明显增加

进口量 103.94 万吨，同比增加 49.5%，主要来自巴西、乌拉圭、澳大利亚、阿根廷和新西兰，分别占 31.0%、21.0%、17.4%、16.7% 和 10.7%，合计占 96.7%（图 3）。

3. 羊肉进口明显增加

羊肉进口量为 31.90 万吨，同比增 28.1%，主要进口国为新西兰和澳大利亚，分别占 57.3% 和 41.1%。

4. 家禽出口量小幅增加，禽肉出口小幅下降，加工品增加

家禽产品出口量 51.81 万吨，同比增 1.9%，出口额 18.08 亿美元，同比增加 8.1%；进口量 50.46 万吨，同比增加 11.6%，进口额 11.70 亿美元，同比增加 11.4%。禽肉及杂碎出口量 22.11 万吨，同比减少 8.1%，主要出口中国香港、马来西亚和中国澳门，分别占 68.8%、7.8% 和 6.2%，合计占 82.8%。进口量 50.39 万吨，同比增加 11.5%，83.6% 进口来自巴西。加工家禽出口量 29.70 万吨，同比增

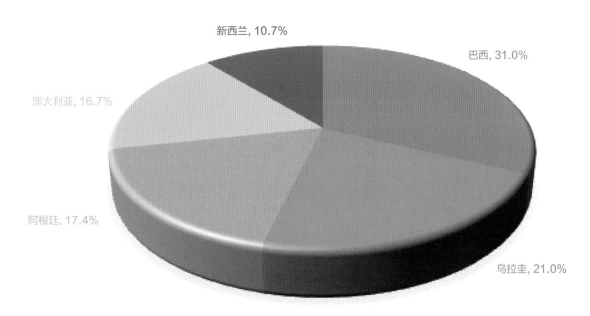

图 3　2018 年牛肉主要进口市场进口量份额

加 11.1%，主要出口地为日本、中国香港，分别占 72.8% 和 9.5%，合计占 82.3%。

5. 蛋产品出口下降

蛋产品出口量 9.96 万吨，同比减少 11.6%。主要出口中国香港和中国澳门，合计占 87.8%。

6. 乳品进口小幅增加

乳品出口量 5.49 万吨，同比增加 47.1%，进口量 264.50 万吨，同比增 6.8%，主要来自新西兰、美国、德国、荷兰、法国和澳大利亚，分别占 39.1%、11.6%、10.4%、7.4%、7.3% 和 6.9%，合计占 82.8%（图 4）。鲜奶进口 67.33 万吨，同比增加 0.9%，主要来自新西兰（34.6%）、德国（26.0%）、澳大利亚（12.0%）、法国（10.1%）和波兰（4.8%），合计占 87.5%；奶粉进口 82.89 万吨，同比增加 11.5%，主要来自新西兰（70.9%）、澳大利亚（7.5%）、美国（3.4%）。婴幼儿奶粉进口 32.45 万吨，同比增加 9.6%，来自荷兰（33.4%）、新西兰（16.2%）、爱尔兰（13.7%）、法国（10.7%）和德国（10.2%），合计占 84.2%。

二、国际畜产品市场形势

全球肉类价格指数自 2014 年 8 月以来呈现下降趋势，整体处于下降通道，牛羊肉价格保持强势。其中，猪肉价格指数从 2014 年 6 月 184.57 降至 2018 年 12 月 118.0；禽肉价格指数自 2014 年 7 月 218.41 降至 2018 年 12 月 158.8；牛肉价格指数 2014 年 10 月达 260.0 高点后下降，2016 年以来总体平稳，2018 年 12 月为 202.4；羊肉价格指数总体上涨，从 2016 年 3 月 133.45 涨至 2018 年 9 月 239，12 月为 229.7（图 5）。

2014 年以来，全球奶类价格指数先

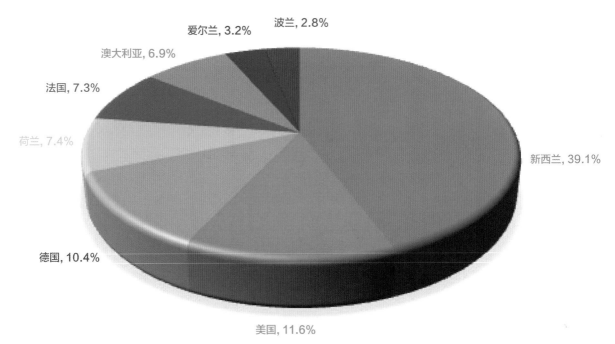

图 4　2018 年乳品主要进口市场进口量份额

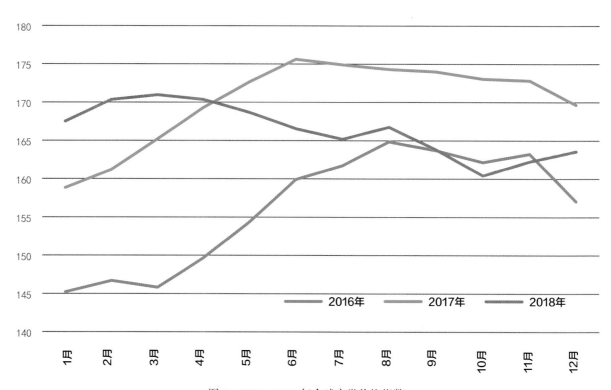

图 5　2016—2018 年全球肉类价格指数

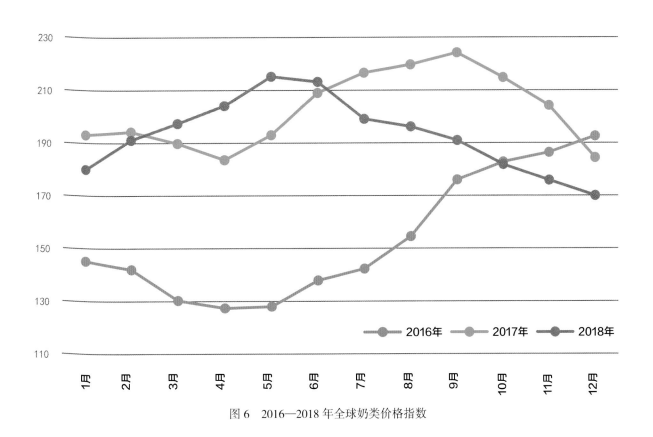

图 6　2016—2018 年全球奶类价格指数

升后降。2016 年 4 月达到 2009 年以来最低点 127.4 后开始回升，2017 年 9 月达到 224.2 后开始震荡下降，2018 年 12 月为 170.0，已累计降 54.2 个点（图 6）。

三、未来中国畜产品贸易展望

猪肉、牛肉、羊肉进口有望继续增加，禽肉和猪肉出口继续回落，奶类进口量增加。在不引起全球猪价飙涨的前提下，全球猪肉市场 2019 年可供中国进口的量在 170 万~200 万吨；受全球牛肉价格上涨影响，牛肉进口量增幅预期放缓，预计全年进口量在 120 万吨左右；羊肉进口量预期小幅增加，预计在 35 万吨左右；禽肉进口量预计在 55 万吨左右；乳品进口量稳中略增，在 270 万吨左右。

受中国猪肉价格上涨、猪肉贸易量增加影响，全球猪肉价格有望回升，牛羊肉价格继续上涨；奶类价格指数保持强势。